ILLUSTRATION
OF SPACE

图解设计思维过程小书库

空间构成图解

二维到三维形体的转换

韩林飞 编著

机械工业出版社
CHINA MACHINE PRESS

COMPOSITION

本书是一本用于空间构成训练的参考书，有助于培养读者对空间体量的理解和对空间的感知与认识。全书内容包括感知空间中的基本形体，由浅浮雕开始初探空间，转折中的空间构成，空间转角上的造型训练，空间"体"的造型感知，空间体块的表面处理，广场空间的抽象感知和建筑实例空间分析。本书从教学实践出发，密切结合学习需求，强调对学生的审美能力、创造能力和动手能力的培养，可作为建筑类高等院校空间训练的辅导教材，也可供广大设计工作者和艺术设计爱好者参考。

图书在版编目（CIP）数据

空间构成图解：二维到三维形体的转换/韩林飞编著. —北京：机械工业出版社，2021.9
（图解设计思维过程小书库）
ISBN 978-7-111-68879-2

Ⅰ.①空…　Ⅱ.①韩…　Ⅲ.①空间设计—图解　Ⅳ.①TU206-64

中国版本图书馆CIP数据核字（2021）第158636号

机械工业出版社（北京市百万庄大街22号　邮政编码100037）
策划编辑：赵　荣　责任编辑：赵　荣　时　颂
责任校对：黄兴伟　责任印制：张　博
北京利丰雅高长城印刷有限公司印刷
2021年10月第1版第1次印刷
130mm×184mm · 5.75印张 · 2插页 · 151千字
标准书号：ISBN 978-7-111-68879-2
定价：49.00元

电话服务	网络服务
客服电话：010-88361066	机　工　官　网：www.cmpbook.com
010-88379833	机　工　官　博：weibo.com/cmp1952
010-68326294	金　书　网：www.golden-book.com
封底无防伪标均为盗版	机工教育服务网：www.cmpedu.com

前　言

　　空间构成的起源已久，但真正意义上对其进行归纳和定义是在 20 世纪初。当时德国包豪斯（Bauhaus）学院与苏联呼捷玛斯（Vkhutemas）学院都对包括空间构成的造型学的理论与方法进行了实质性的研究，得益于他们百年前的创造力和革命性，在整个学校中皆建立起构成学的初步教学课程，这便是最早的构成训练的实践。空间构成的训练方法和内容在两所学校中有着类似的模式，学生通过循序渐进的方式亲手制作空间模型，由简入繁，从易到难，这样的路径从根本意义上说是为当时的产品设计师、建筑设计师能适应工业革命所带来的美学变革而产生的训练方法，是积极的探索，是勇敢的创新。在今天看来，当时极富有创造性的训练课程已成为经典教学法。

　　在传统意义上，空间构成是用一定的材料，以视觉为基础、力学为依据，将造型要素，按照一定的构成原则，组合成美好形体的构成方法。它是以点、线、面、对称、肌理而来，研究空间形态的学科，也研究空间造型各元素的构成法则。空间构成是现代艺术设计的基础构成之一。但是"构成主义"中的"构成"一词与我们要谈的"构成"有很大区别。构成的源流，首先是来自 20 世纪初在苏联的构成主义运动。苏联呼捷玛斯和德国包豪斯都是 20 世纪著名的设计学院，培养出了一批在各个设计领域中领先的人才，两所学校在探索培养新设计师的教学体制的过程中，发展了多门基础教学课程，其中就包括我们今天所谈到的空间构成理论知识。空间构成的概念初始及侧重点都是从建筑学的角度来阐述的，在最初的教学探索中，空间构成是专业学习前的基础教学部分。在建筑专业的学习之初，对于体量的理解、空间的感知等方面，空间构成起到了重要的作用。

　　书中引用了2000-2021年北京交通大学、莫斯科建筑学院、米兰理工大学等多届学生的优秀作业，数量众多、年代较长、恕不能一一列举出作者的名字。研究生王卓飞同学为本书的资料及文字整理做出了许多贡献，十分感谢他（她）们！

韩林飞

思路与方法

刚进入大学的学生在经历了多年的科学学习训练后，拥有了一定的理论知识背景，但是在动手能力以及物质空间的认知感悟能力方面却受到了限制。大学之前，中国学生完全适应了应试教育的方式方法，学习知识较为被动，缺乏探索精神，习惯于接受约定俗成的东西，接受棱角分明的、非此即彼的理论知识，这样的方式可能有利于学生对于知识的记忆和掌握但并不适合在大学中对所研究领域的探索，也限制了学生的创造性。

空间构成是在建筑学的基础理论学习中提出的，是基于心理学、哲学以及美学所创造出的造型课程，相较于以往学生在高中之前的学习方式，对于空间造型理论的学习不能死记硬背，更不能简单地对空间形态进行模仿和记忆，而是要在充分理解空间形式的基础上进行原发性的探索，这样的训练模式结合学生的实际动手能力，让理论和实践可以良好结合。针对进入学校的大学生对建筑空间构成概念的疑惑，我们首先要让学生建立正确的空间构成概念，这种概念的建立不是指在文字上的，而是在思想上建立一种对空间构成的正确认识，这一概念是过程式的形成，概念的建立就需要对新事物的反复实践与总结，空间构成也不例外，我们的思路就是要让学生通过一步步的训练来建立概念，训练的过程也是对空间概念的感知，让学生能够从这样的训练中获得良好的造型能力。

　　在空间构成训练的具体教学中，应对学生进行引导，不能仅仅停留在被动接收的阶段，要使学生亲身理解与体会，积极主动去探索其中的规律和内涵，认知"抽象"与"立体"的实质，并通过将具体建筑进行抽象后得到的空间构成的动手训练，培养学生在空间构成方面的逻辑和创新思维的能力。

目　录

第一章

感知空间中的基本形体

空间形体原型

空间形体原型

　　空间构成训练的基础在于处理不同体量之间的关系。在训练体量关系之前我们首先需要让学生掌握一些最基本的形体元素，这不仅仅会让学生从基础开始训练，掌握一定的设计语言，更能在将来的复杂形体制作分析过程中将其拆分成基本元素以简化认知过程。简单几何形体包括立方体、三棱锥、圆柱体、圆锥体等。

　　制作这样的形体实际是用二维平面的纸来折叠成一个三维形体。为何不用较大的空间形体直接切割成目标形体？这其中主要是想训练学生的空间思维能力，尤其是由二维向三维变化的空间思维能力。例如：在立方体的制作过程中，我们需要在制作之前将各个面绘制在纸面上，并计划好各个面在空间上以怎样的方式进行连接，种种细节都增加了制作的难度，也培养了学生的空间思维能力。除此之外，制作数量较多的简单几何形体，而后可以通过不同形体的组合方式来研究多个物体之间的空间联系。

　　体量关系是建筑设计中在直觉上作用最大并且经常遇到的三维形体问题。体量关系不单指建筑的天际线和立面，它是建筑作为整体的感觉形象。设计最后确定的体量关系，并不只是由三维空间形态这一个方面决定的，它还取决于其他的一些方面。作为一种设计构思，分析体块关系对于分析单元到整体的关系、从重复到独特的关系、从平面到剖面的关系、几何关系、加法和减法以及等级关系等各方面构思，都起着加强的作用。

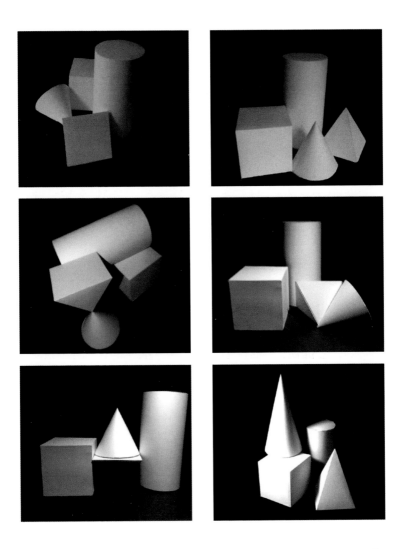

第二章
由浅浮雕开始初探空间

第一节　直线浅浮雕

在由平面向空间变化的过程中，浮雕是最能体现其基本形式的，不同的浮雕类型有着不同的空间效果，也有着独特的艺术效果。在这一训练中，我们主要通过浅浮雕的形式来引导学生进行动手练习，引发学生的创作热情，将折纸作为一种辅助手段，在重复中求变化，统一中求韵律。浮雕练习的过程可以分为直线浅浮雕、曲线浅浮雕、镂空浅浮雕、字体抽象浅浮雕等类型的训练，将二维纸面通过切割、划痕的方式制造造型凹凸的变化不仅仅需要精细的制作工艺，更需要对所用材料的伸缩性质的了解和掌握，只有这样才能走出单一模仿的形式而渐渐掌握浮雕的真正空间艺术。

第二节　曲线浅浮雕

在初步练习中，折纸是一种比较适合的辅助手段，折纸的特性使其可以在重复中求变化，统一中求韵律。在初步练习阶段主要通过对折叠纸张来熟悉操作手法与折叠的手感，注意折纸尺寸的大小、比例的适宜、形态的美观、折叠线折起的方向。

曲线浮雕的变化较直线更为复杂和多变，能够更好地训练精细化制作能力。在处理浮雕的直线和曲线的衔接以及曲线本身的舒展过程中，培养趋近自然而抽象的审美观念，在光影下曲线构成的面所带来的曲线的光影使整个浮雕所表达出的语言更为丰富，这样能更好地辅助学生对多重构图中空间感的理解。

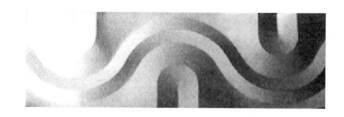

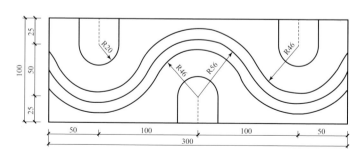

第三节 平面浅浮雕

一、镂空构成

通过折纸练习，可以培养学生在重复的形态中创造变化，在统一的模式中创造韵律的能力；通过纸面浮雕的深浅变化则可以加深对平面中凹凸空间的理解，关注折叠对于设计过程本身的指导性和独特性。在练习时，可以通过灵活运用折叠、打褶、弄皱、按压、刻痕、切割、推拉等手法进行折纸形的创造。

在设计方法纷繁多样的当代，折叠作为一种形式语言的频频出现，给建筑的空间、结构、组织方式等带来积极的作用。它既能在属于中国文化自己的形式美上引起共鸣，又能满足当下对建筑功能在人性化方面的探索。

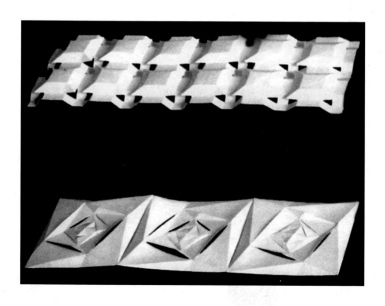

二、字体构成

纸面浮雕可以看作类似于平面上雕出凸起的形象的一种雕塑。所谓浮雕是雕塑与绘画结合的产物，用压缩的办法来处理对象，靠透视等因素来表现三维空间，并只供一面或两面观看。浮雕一般是附属在另一平面上的，因此在建筑上使用更多。它主要有神龛式、高浮雕、浅浮雕、线刻、镂空式等几种形式。该练习是对纸面浮雕的初步应用，利用之前所述创造浮雕的方法，以字母的形式进行组合排列、切换形态，生成凹凸的感觉。

在练习时，要注意字母的大小和位置、图面的比例、组合序列以及单体的形式，在具体操作时要注意剪切线的位置。割断程度和衔接点等要素要提前设计与构思，以便烂熟于胸，在之后的创作过程中少出差错，精益求精。

1. 字体构成法则

如果我们说独特是指其在同一个层次或种类中与众不同，那么只有在同一个层次中进行比较，才能辨别哪些属性使独特的部分与众不同。同时，重复和独特也是在一个共同的参照系内才能联系在一起。确定建筑的各组成部分是重复还是独特，要根据其属性。在本练习中，就要充分考虑彼此之间的联系，比如字母的大小、图面的比例、各要素的围合及位置关系。

通过改变构图元素的形状、尺寸、位置、数量四个方面，组成一个立面的构图，体会各个构图元素之间和谐统一的关系，通过形成浅浮雕的方式来完成设计。

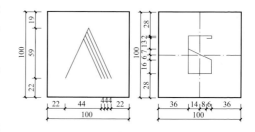

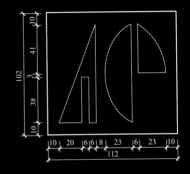

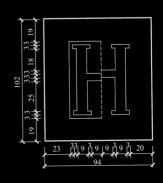

2. 直线字体构成

折纸折叠的操作强调一种自下而上的设计思路，是赋予设计不可预知的创造力的一个新途径。通过该练习，能较好地掌握拼贴的技术，并结合折纸的手段，提高个人的审美能力、空间思维能力，并学会从单一的平面构成向多维的立体空间进行转化。

从审美的角度出发，在重复中谋求变化，在变化中谋求统一，在统一中谋求整体的和谐和韵律感。通过对各线形的处理、穿插、交织、拼贴，形成不同的视觉感受和风格各异的效果，还可以改变各字母中线条的排列方式及线形，用不同的手法，创造两三个富有个性的构图。

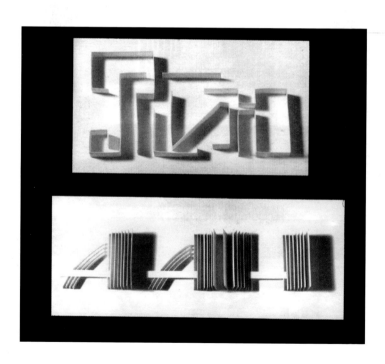

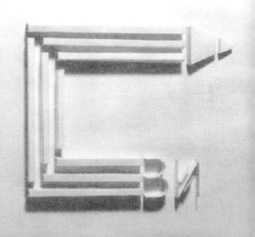

3. 曲线字体构成

曲线字体是在直线字体基础上进行的更为复杂的变化，也是更贴近真实的一种美学训练。作为空间构成的基础练习部分，曲线字体亦是一种抽象的图形感知，这样的练习能够更好地从文字图形化的角度来提高造型能力。

将字体抽象成曲线的构成图案难点在于直线与曲线的合理交接，更应注意的是各个字体之间的有机组合，方能创造出良好的整体抽象形态。

三、几何体块的组合

　　建筑整体应该以什么方式连接起来，总平面应该以什么方式构成，在建筑设计中是一项非常值得研究的课题。只有通过对体量关系、立体体积、颜色和材料变化等的观察才能了解清楚，加法和减法的构思与以下各项都是相辅相成的：体量关系、集合关系、均衡、等级关系、不同单元到整体的关系以及重复到独特的关系。

　　本练习主要培养学生对总平面的组织及良好的设计能力，通过以上所提的各种手法，创造出功能分区明确、空间层次感分明的高品质总平面。

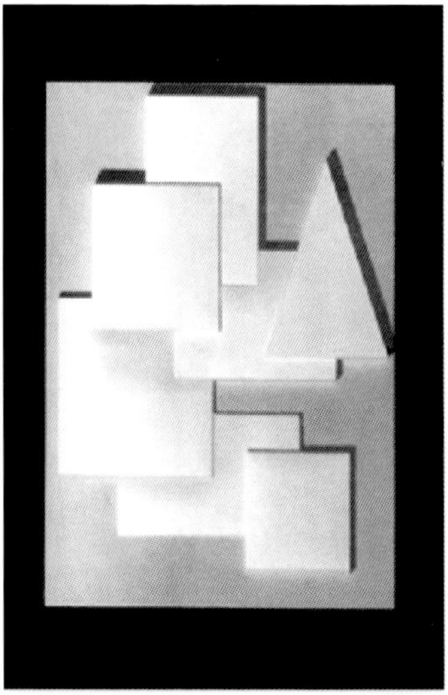

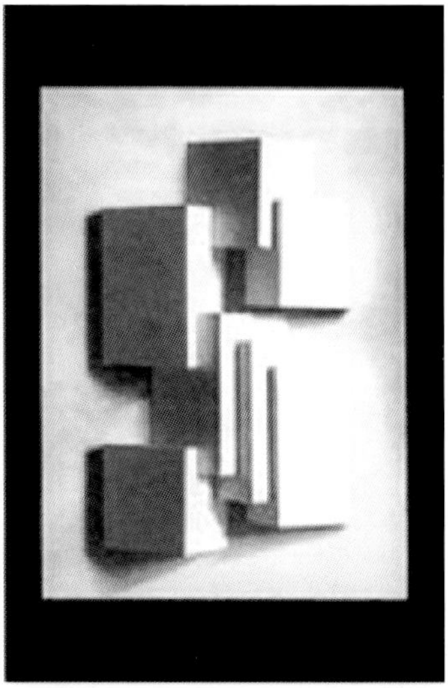

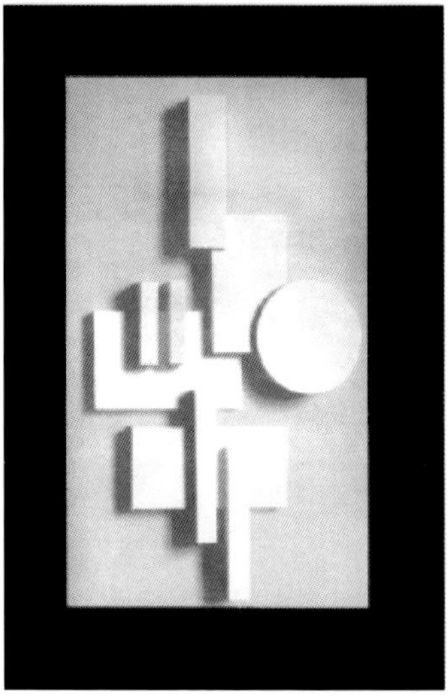

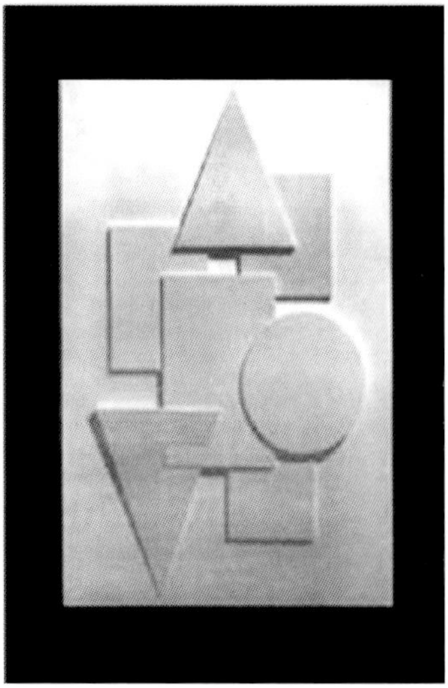

四、自由几何体块的组合

在进行了指定几何形体的训练之后，我们可以用自己感兴趣的形体进行空间方面的整体构成。在初步掌握一定的构图原理、前后关系的基础上，自由形体的组合更能激发学生的主观能动性，同时对学生的空间组合构图能力也会进一步的提升。

在制作过程中应考虑不同形体之间的组合方式，以及相对应的远近前后关系，在前期对这些体量关系有一定的思考之后再来制作能够更好地使自己获得组合整理抽象图形的能力，从而为将来进行总平面设计等工作奠定较为扎实的造型基础。

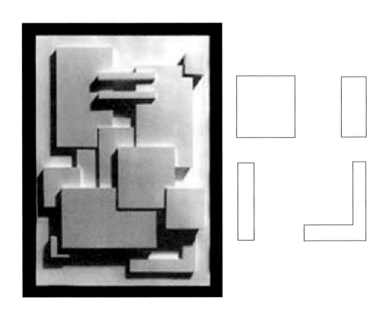

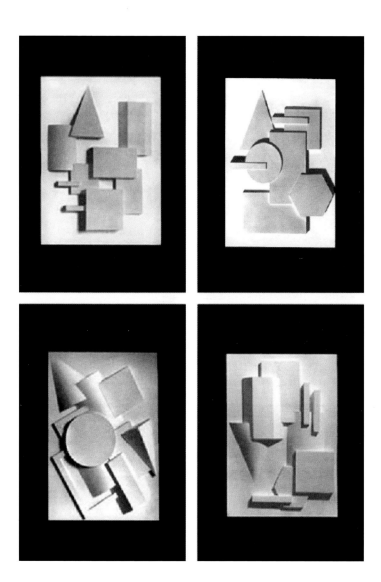

03

第一节　折角构成

一、字体造型

　　折角构成着重培养多维空间内设计立面的能力。将二维平面的设计转化到三维空间，创作及理解难度较之前的习题有所提升。引申到建筑设计，即在三维空间内设计立面不同于单纯从平面的角度出发，换一种手法，从模型这种立体空间的概念入手会取得事半功倍的效果。这也要求我们不断提高自己"体量规划"的能力，进而创造出更为丰富的空间形式。

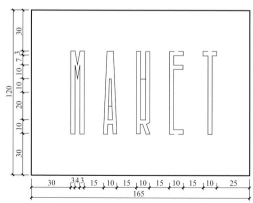

二、建筑造型

由创新型折纸手法所衍生的建筑逐渐成为我们所关注的焦点。折叠作为形式语言，频频出现，这给建筑的空间、结构、组织方式等带来积极的作用。它既能在形式美上引起共鸣，又能满足当下对建筑功能在人性化方面的探索需求。该练习综合之前题目给出的基础铺垫，将各种变化后的元素按不同序列排成不同的、趋于建筑的形态，组合时注意各元素的高低形态、远近关系、空间进深、光影效果，并充分利用各种浮雕手法，以便更好完成建筑形态的初步构思。

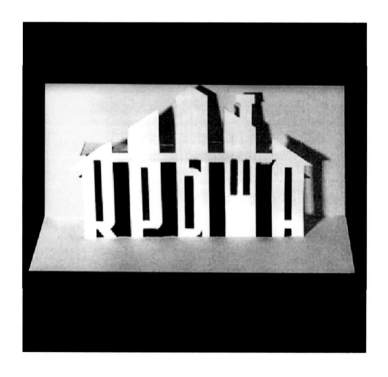

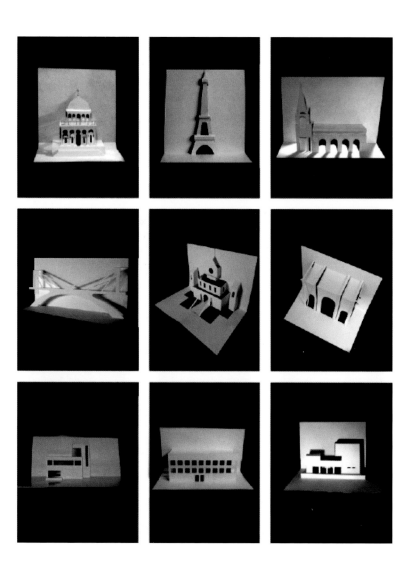

三、抽象建筑形体

　　相比具象的建筑空间表达，抽象的建筑形体训练是更为深化的对空间立面的训练，要求较好的抽象思维能力，来获得符合美学特征的空间构成图案。建筑抽象是建筑具象的逆过程，这样的过程有助于学生将来在立面具象上创造能力的提升。

　　抽象的过程应该是在一定的体块变化中得到的，应该以一种循序渐进的方式进行，从整体出发再到较为具体的细节，方方面面都是可以进行抽象的部分，通过这样的过程将能制造出生动形象的作品。

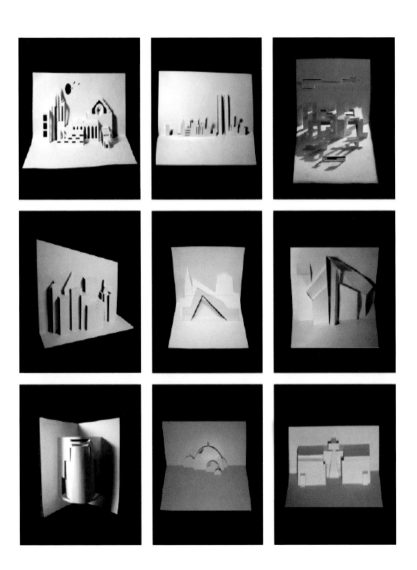

四、建筑细部体块

　　练习的目标主要是培养学生对建筑细部的处理能力，加深其对各局部细节的感知。以建筑组成要素之一的门廊为例，关注折叠的手法对于形成的门廊形态、建筑空间、使用模式等的作用，权宜性地从四个角度来阐述即为门廊的形式姿态、门廊的内外交接、门廊的空间秩序以及视觉空间的整体性和丰富性。门廊空间可以是隐含的，作为一个自由或者敞开平面的局部或全部；门廊也可以是单独隔开的，就像一间房子一样，比如利用折纸的各个手法，形成统一的柱廊序列。

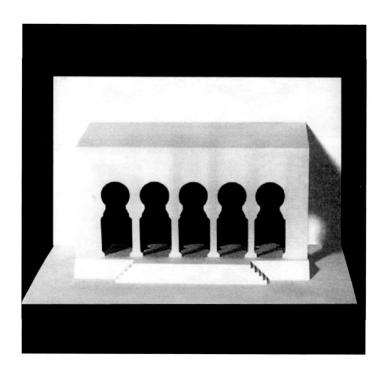

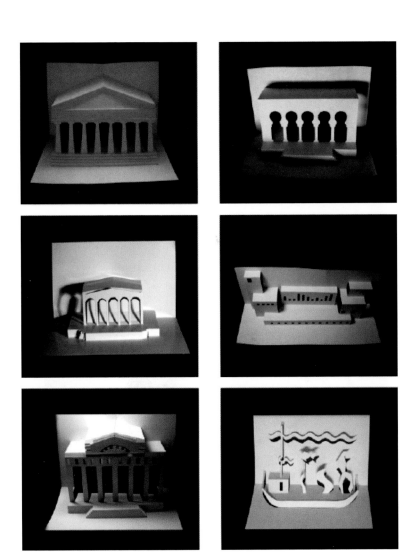

五、建筑立面的空间化

本次练习旨在训练并提高学生全面表达建筑空间的能力、由单元生成整体的能力、协调处理各功能空间的能力以及在整体中巧妙运用个性元素的能力。

在进行本次练习的时候，要格外注意处理好建筑前后形体之间的衔接、协调各元素的比例尺度。除此之外，要学会适当借鉴优秀的建筑作品中处理建筑空间的方法，取其精华、去其糟粕。此外要综合之前练习题中用到的所有技巧，用足够的耐心完成一个空间模型。

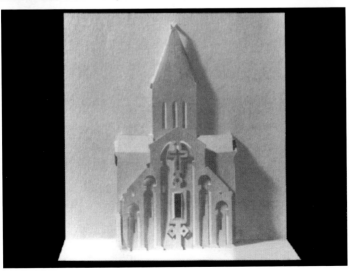

六、空间的纵深

　　进出口空间研究的一个重要方向是空间的构成方式，即空间是由空间限定的构件围合而成或分割而成的，如何运用空间限定要素在一定程度上就决定了空间的品质。根据空间限定方式的不同，传统建筑入口空间大致可分为浅空间、深空间和扩展空间三种类型。作为一种中介空间，入口空间是建筑内部空间向外部环境的延伸，也是外部空间向内部空间的渗透，它的出现使建筑内外空间的过渡具有丰富的层次感和空间的渐近感。该练习旨在培养学生对入口空间造型的能力，深入理解建筑入口对称的韵律美与层次的递进，提高圆弧与直线折角处的处理的能力。

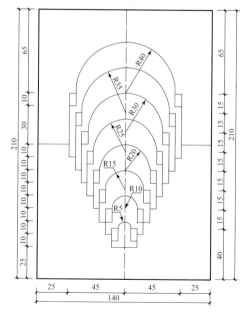

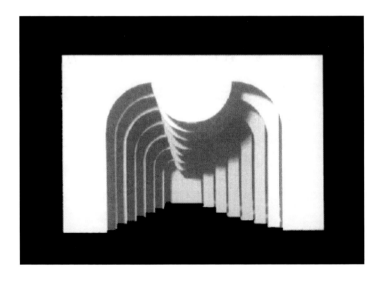

七、曲线主题的空间纵深

　　建筑出入口外部空间是依附于建筑入口的，所以建筑入口是建筑入口外部空间构成因素中的基础。曲线的形式感可以锻炼学生在一种相对完整自然的形态中去创造有美学特质的构成图形。

　　在进行曲线的训练时，可以选择相对完整的形体进行设计变化，在连续变大增加进深的基础上对其构成的变化寻求变更的可能性，从而在有序的图形排列中增加新的元素。

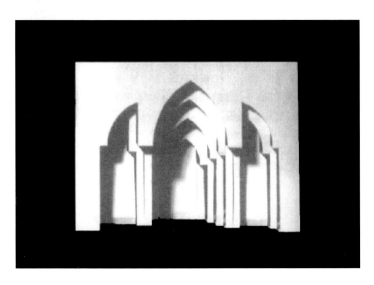

八、直线主题的空间纵深

直线的演进是在之前的基础上对空间抽象能力的进一步升华。直线的重复纵深有别于曲线的自然形态，其表现的是更为人工化的抽象形态。多重图形之间的进深关系是在变化中寻求统一，重复中找寻突破，对我们的整体建筑意识是一种良好的训练。

在确定一个主题之后，直线关系的进深应符合透视的最基本要求，而在其中的进一步变化又要求设计者的严谨态度和前期设计几何体偶尔变化的能力，更要求这种美感不能将整体的关系打破。

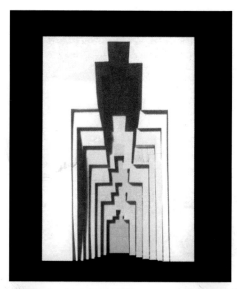

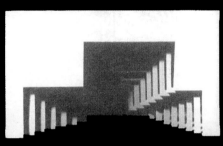

九、直线与曲线组合的空间纵深

　　实体建筑出入口的外部空间多由直线与曲线相组合构成，能够较好地对其进行抽象是最为接近具象实体的空间构成训练。这是对上一练习的深入、升华，在原有的入口空间基础上，通过改变中轴线的位置，增添弧线、折线、直线的数量，创造更为丰富多彩的建筑入口空间。通过该训练，学生们可以进一步提高入口空间的造型能力。

　　选择一到两个建筑的基本母体，通过一定的思考与设计后，在其基础上进行元素的重复、移位、排列、组合，并结合多种折叠手法，逐层推进，创造出更为丰富多彩的入口空间形态，我们可依据个人灵感创造一至两组风格不同的建筑入口空间。

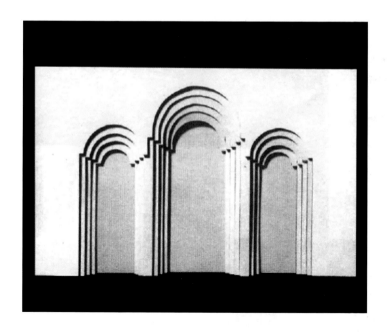

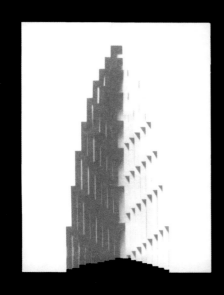

第二节　空间的韵律

一、单一形态构成

空间构成所研究的是实体与虚体间的存在关系，对个体形态研究的目的就在整体形态的应用之中。证明实体"有"很容易，证明虚体"无"却很难，但是空间对于设计又是如此的重要。立体构成是研究立体造型各元素的构成法则，其任务是，揭示立体造型的基本规律，阐明立体设计的基本原理，而本练习则着重训练学生对立体构成的熟练掌握。

以一定的材料（卡纸、板材）等为媒介，以良好的视觉为基础，以合理的力学为依据，将造型要素，按一定的构成原则，组合成美好的形体。期间灵活运用各种造型手法，如穿插、渐变、折叠、组合、逐层升起等，以便于研究立体造型中各元素的构成法则，旨在揭示立体造型的基本规律，阐明立体设计的基本原理。

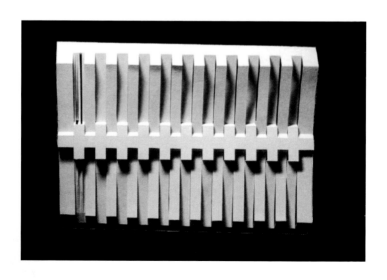

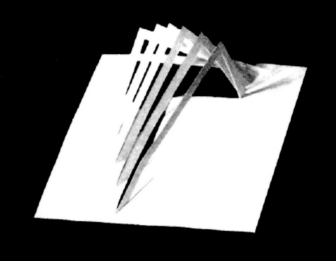

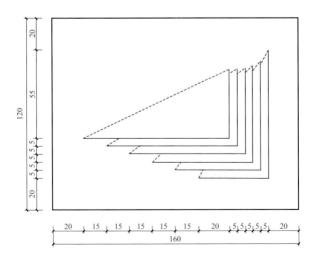

二、交叉形体构成

在单一的实体与虚体的组合变化训练之后，我们应当更好地在现阶段训练多图形的交叉组合。相同图形以 90° 角的方式交叉在一起之后，会产生变幻莫测的光影效果，通过其本身的虚实与光影所结合在一体的空间构成，感知空间训练立体构成方法。

不同于单一形体构成的方式，组合体的难点在于制作的精度，同时应考虑平面的切割形式，而材料本身的特性又将决定这一空间构成体量的稳定性，体积感的形成就要求整个模型的骨感与美学相结合。

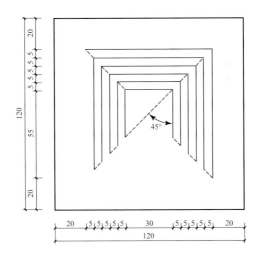

三、半球体的空间构成

　　虚实相生的形体组合中更难的是曲面球体镂空之后的组合。建筑的体量在这样的组合中能体现其抽象后的终极美学，所有的体量不再那般坚硬傲骨，而变得温润亲和起来，这样的变化却丝毫不影响整体的体量感，更要求精湛的技艺与丰沛的空间感知经验，这是训练，亦是挑战。

　　纸质材料的舒展性是这一训练的优势，这样的作业往往需要选定两个或多个合适的形体进行组合交叉，不能恰到好处结合的形体将会影响整体的作业过程与最终呈现。而之后的切割应注意曲线与直线的流畅衔接。

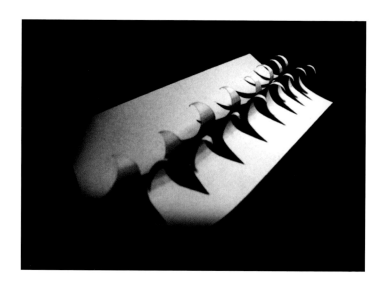

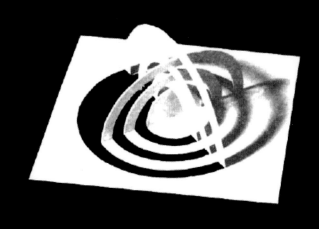

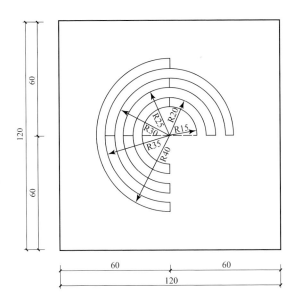

49

04

第四章
空间转角上的造型训练

第一节　空间转角的形成

一、直线单一重复

现代建筑的设计越来越向精致、完美方向发展，不再仅仅讲正立面、背立面，而是越来越关注建筑的整体效果，它的多方位性。一般说来，人们不太注意建筑的转角。大多数成熟的和成功的建筑设计也并未对转角处做特殊的处理。而如何处理作为建筑一部分的转角，一直是每个建筑师必然面临的设计课题。

建筑的转角处理和整个建筑形体的创造一样，经过构思，运用组合、扭转、加法、减法等手段，使其成形，再通过细部刻画来进行创造和展示。

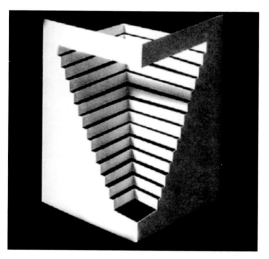

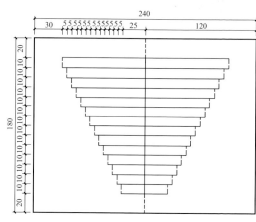

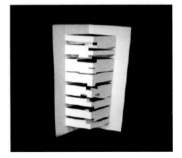

二、直线变化组合

立体构成也称为空间构成，立体构成是由二维平面形象进入三维立体空间的构成表现。平面构成和立体构成两者既有联系又有区别。联系的是它们都是一种艺术训练，引导学生了解造型观念，训练其抽象构成能力，培养其审美观，使其接受严格的规律训练；区别的是立体构成是三维度的实体形态与空间形态的组织与构成。

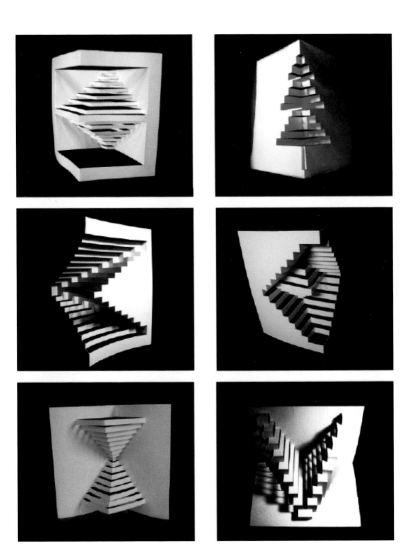

三、统一中的变化

从表现的意义上说，转角，从有建筑之始即已引起重视。关于转角的处理，可以产生很多的变化，虽然不可以稍作改动而牵动全身，但是可以妙趣横生，所以，在建筑设计中不应该忽略借用转角的变化为建筑带来创新变化的作用。

建筑转角的变化是体块、更是细节的一种设计，统一中的变化需要对韵律的整体把控，更需要跳跃的活泼意向，在制作过程中合理的变化是需要严格推敲的。

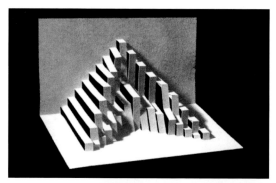

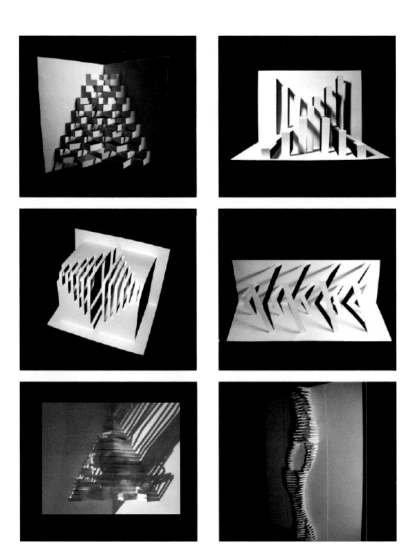

四、曲线重复

空间的曲线构成要求在建筑抽象过程中，对曲线的具象性有良好的理解，曲线重复的意义是在丰富的变化中得到的，这样能够在设计建筑的转角过程中，更好地体验自然曲线变化所形成的细节造型能力。

曲线空间的制作应在三维空间制作之前，在平面阶段认知和处理好不同平面相接的关系，由于曲面的变化更加复杂，就要求在整体造型和细节处理方面有着更为精巧的制作与设计。

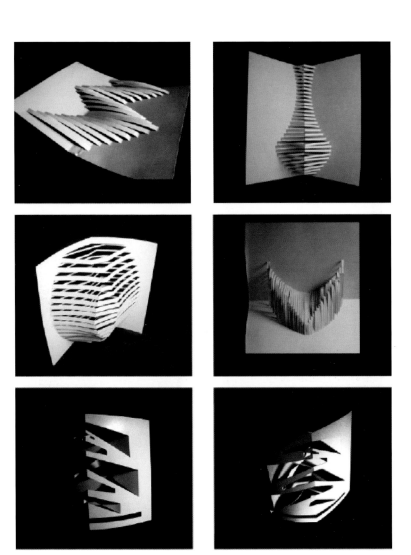

第二节　立方体转角的空间构成

一、一个转角的立方体空间构成

　　建筑的转角是构筑建筑造型最主要也是最重要的元素之一，同时也是人们认知建筑并且铭记它的重要渠道。建筑的转角如同画家作画时所勾勒出的画面的轮廓，如同作家写作前所列出的文章的结构，因而其意义非凡。

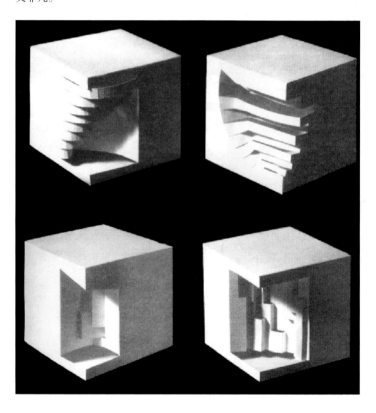

二、两个转角的立方体空间构成

　　建筑的两个转角的训练是一个转角的进一步深化，旨在通过一个三维空间来联立两个转角的组合，这种联系是十分必要的，在空间相隔的方位中进行转角的处理对学生整体空间想象力将有较大的提高。两个转角的整体风格应保持统一，但又要力求有所变化，在制作过程中应保证整个体量的支撑感与立体性。

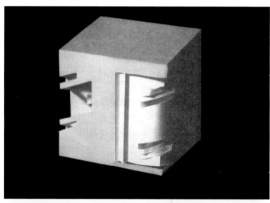

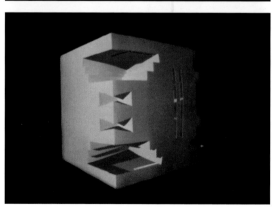

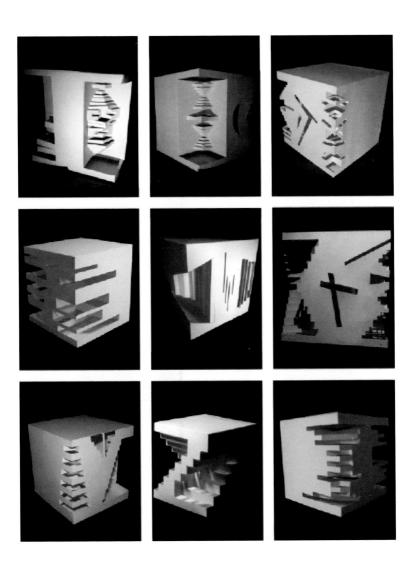

三、三个转角的立方体空间构成

三个转角的立方体训练作为空间构成最接近体的概念的练习，可以帮助我们理解二维与三维之间的进一步联系，在实际建筑中抽象出的某个立方体的一角实际都会有相应的三边处理，而这正是我们所训练的内容，抽象下的无限接近具象形体对将来造型创造力十分有价值。

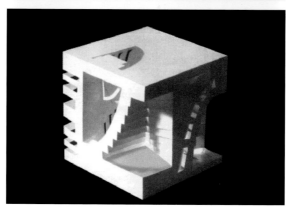

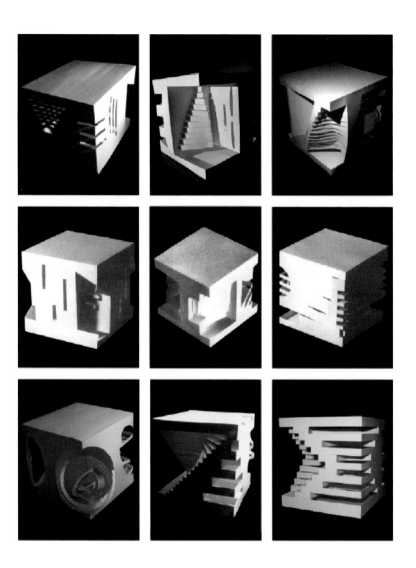

05

空间"体"的造型感知

第一节　立方体的空间构成

本练习旨在培养学生空间想象能力和整体协调的创造能力，通过对各种不同类型材料的运用和加工，对不同结构方法的探索，对转角形态、整体及局部材料、色彩、建筑肌理的综合心理感受过程，熟悉和基本掌握建筑形态结构与其转角入口的一些内在联系，并能根据一些具体的条件限定及特殊手法做出良好的立体设计来。

在进行本练习的训练时，不仅要注意建筑转角与体块的合理结合，更重要的是要灵活运用所掌握的基本手法对体块进行切割、融合、加法、减法等处理，以便与建筑转角相得益彰，形成较完美的建筑形态。

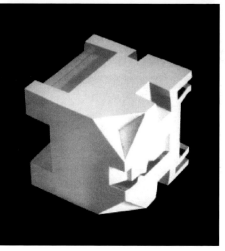

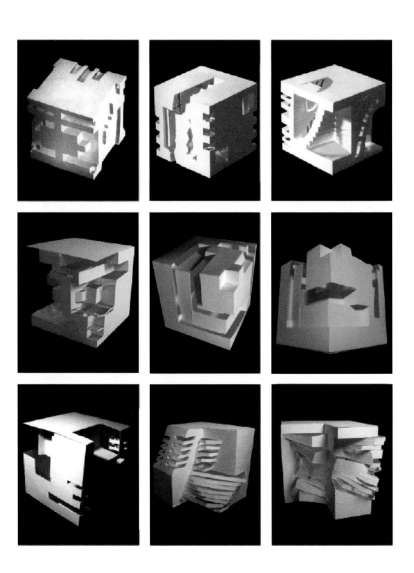

第二节　三角锥的空间构成

一、三角锥的空间构成原理

　　立体空间构成中的点、线、面不仅有着视觉上的意义，还存在着结构力学上的建构意义。面在立体空间构成中是一种多功能的形态，既可以作围合的材料，又可以起分割空间的作用。面的围合、半围合和分割使结构空间产生变化，能化整为零，也能内外呼应；能拆大为小，又能以小见大。尤其是面的装饰和加工，会使面的视觉空间有更多的张力。该练习着重培养学生运用各个不同的面来分割内外空间的能力。

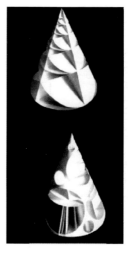

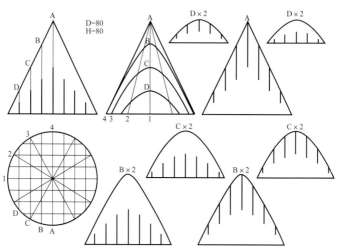

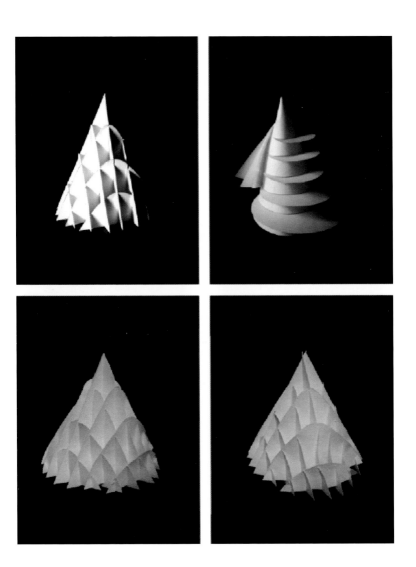

二、三角锥的镂空处理

在处理好内外关系的基础上，此训练的目的是将空间的渗透、连通引入到三角锥中，空间的立体性质在这一训练中将会体现得十分到位。应注意三角锥空间体的镂空制作步骤，不同于只在表面的切割变化，空间的内部改变来自于结构的原生性，在设计制作之前就应结合不同平面的关系来优化三角锥的体型美感。

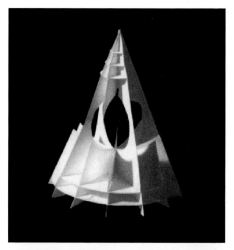

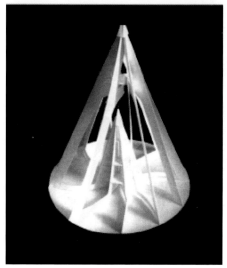

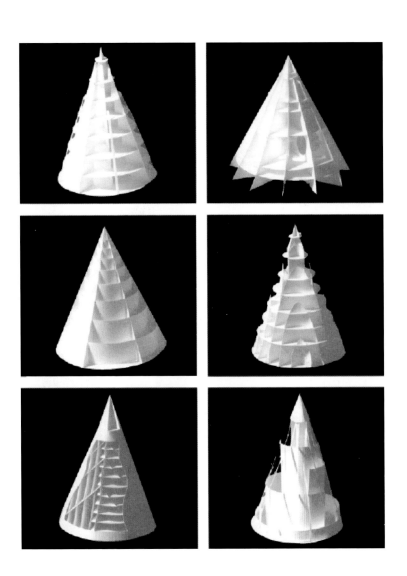

第三节　球体的空间构成

　　建筑表皮并不是一个清晰和单一的概念。关于表皮，可能指维护结构的表层或者围护结构本身，它是构成建筑实体的重要组成部分。从空间上讲，建筑表皮是室内外空间的过渡，大多数情况下，表皮是为体块服务的。通过各个大小不同的面的穿插与衔接，使得不同形体的表皮得到形态各异的视觉表达效果。建筑表皮的认识轮廓就在不断转换的概念中得以形成，而建筑表皮的定义就在这些转换过程中所显现的差异和相似中得以明晰。建筑表皮在审美和文化上，是人对建筑的最初印象，因此比其他组成部分更加引人注目。

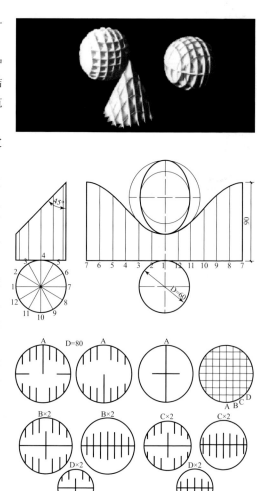

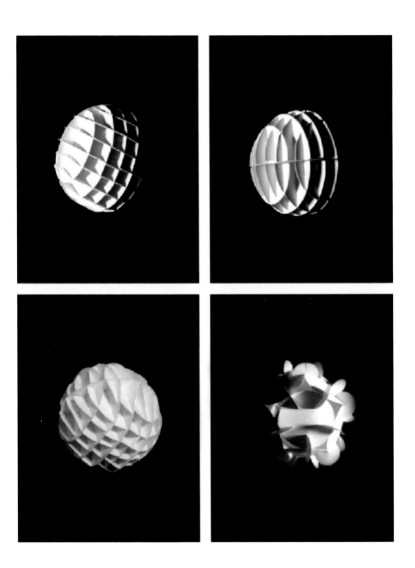

第四节　圆柱体的空间构成

圆柱体的体量关系应该展现一个上下统一的空间，这样的空间内部允许不同元素的组合与构成，训练的目的是让学生在建筑内部创造优秀的空间，这对于在未来的室内空间的创造上有着十分重要的作用。

将圆柱体分成几个不同的部分是制作的开始，它展现的空间构成应是精湛技艺的展示，是对无限空间变化的探索，制作过程应结合相应的理论知识同时抓住瞬间迸发出的设计灵感，从而不断地深入感知空间的美妙。

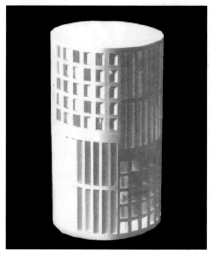

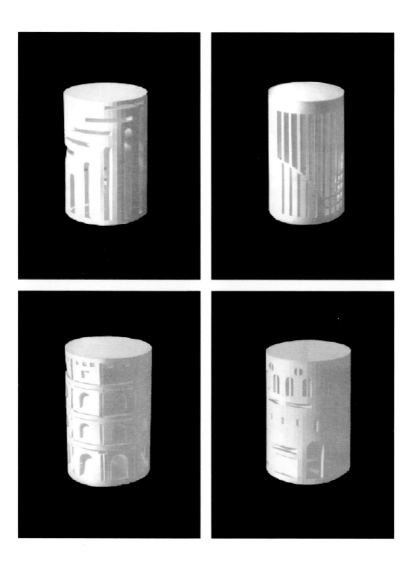

第六章
空间体块的表面处理

第一节　三棱锥的表面处理

　　建筑的立面造型，从形体构成上看，可以拟人化地分为基座、墙身、顶部三部分。进一步细分其立面造型的构成元素，我们可以分为点、线、面、体四部分，建筑的外观效果就是由它们综合作用、共同达到的。三棱锥作为一种较基础的抽象形体可以训练不同角度下的体量造型美感，此训练有助于未来学生在三角形立面设计能力的提升。

　　在本练习中我们可以借助之前所学到的种种手法对体量进行组合与制作，造型的镂空、起伏、褶皱等均是我们应当综合使用的手法，在以一种合理的主题指引下，三棱锥的美感会体现得惟妙惟肖。

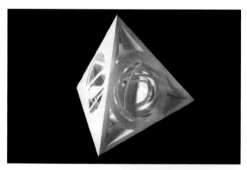

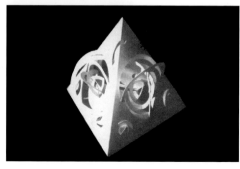

第二节 立方体的表面处理

　　立方体作为运用最广的造型基础训练体量，也要十分重视其中点、线、面的处理和结合。立面造型的点包括需要重点处理的局部，如屋顶、基座、入口等；立面造型的线包括需要加强视觉效果的线，或应该成组处理的部分，如墙面不同颜色的材料线条、重点部位的线脚、成组处理的窗套等；立面造型的面包括立面上同一材质构成的大面积的部分，可以表现材料的质感、光感，如大面积的玻璃幕墙、砖墙、墙板、喷涂等质感。

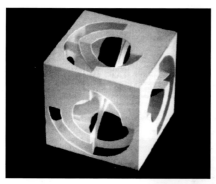

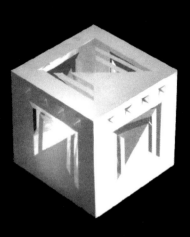

第三节　三角锥的表面处理

建筑内外空间的关系是建筑设计众多要素之中，至关重要的一点，应该科学合理地处理好二者之间相融共生的关系。本练习以三角圆锥锥体为基本体块，着重训练处理体块内外空间关系的能力，并结合立面造型处理的手法，创造出形式独特、层次分明、空间凹凸有致、统一中不乏变化的体块模型。

本练习以三角锥锥体为母体，通过对其表面及内部空间的处理，形成风格迥异的视觉效果，并结合加法与减法的手段与穿插叠合的手法，从而创造出内外空间结

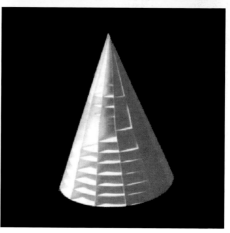

合紧密、秩序井然的空间形态。学生可以自选设计主题，结合所学手法，并加以创新，从而制作两到三个体块模型。

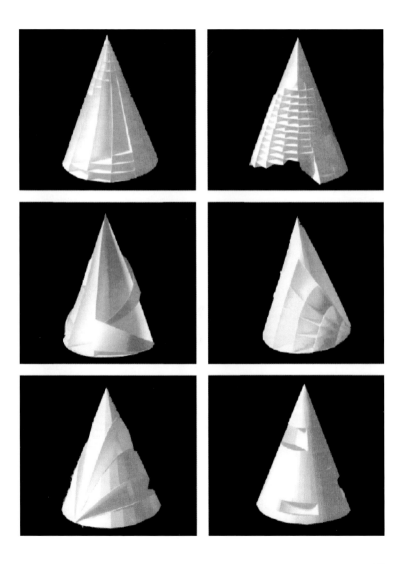

第四节　圆柱体的表面处理

　　几何关系设计是建筑学的一种重要的形体构思方式，可运用平面几何学和立体几何学的原理来确定建筑形体、立面及表皮。而建筑立面则包含建筑和建筑的外部空间直接接触的界面，以及其展现出来的形象和构成的方式，即建筑外立面和建筑的内部空间。本练习可以由一个圆柱为原型出发，由浅入深，通过改变外部形态及运用各种手法，结合几何关系及加法与减法的原则，进行表面凸起与凹陷、开敞与封闭的转换，从而使得原体块演生成拥有不同深度的外表皮新形态。

　　本练习还可以运用到其他较大范围的立体空间或形体层次上，例如对多种形体语汇、各种比例的几何形、简单几何体以及复杂多变几何形的处理方法，训练重点是分析外表皮各洞口尺寸、位置、式样、形体和比例等方面。

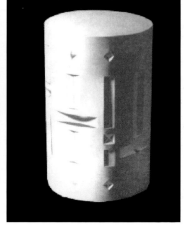

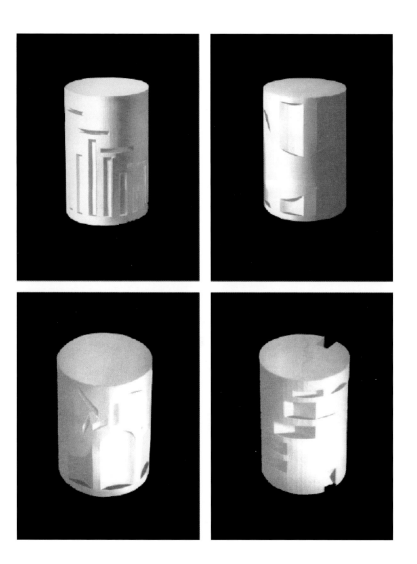

第七章
广场空间的抽象感知

第一节　广场空间的组成元素

　　广场空间构成的训练是针对城市的开放空间的造型与形式展开训练，在对具象图形抽象形变的深入研究基础上，设计出一定风格化的抽象广场造型，感知城市空间的场所精神。开放空间的训练已经在尺度上不同于前面的训练，这是以一种近乎城市感的空间角度进行设计思考的。城市广场的地面、围墙、台地、柱廊等都会成为这一空间的组成元素，对应的建筑细节也将在更大空间内得到释放，让人们从其中感知各种各样的城市空间美学。

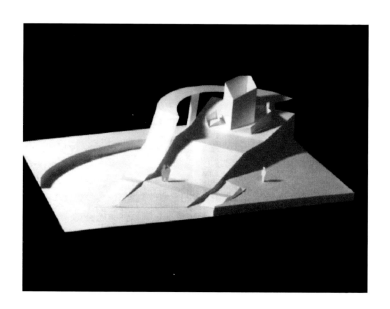

　　将折线这一元素作为场所空间的设计主题时，设计意向和构成元素都应当与之呼应，设计的初始是从总平面开始的，其中点、线、面的关系合理明确，并产生一定美学的抽象意义。而在空间生成的过程中，应当分清构图主次，在空间中有统领也有配合，使得城市场所的核心特质得到体现。

　　这就要求学生要有在制作过程中，从宏观的角度构建场所的空间，注意建筑之间的等级关系、叠放次序、围合方法以及方位朝向，理解模型所表达的空间关系，不同空间层次之间的联系，正确、合理地掌握模型空间表达的顺序。同时以人的尺度为参考来感受广场空间。

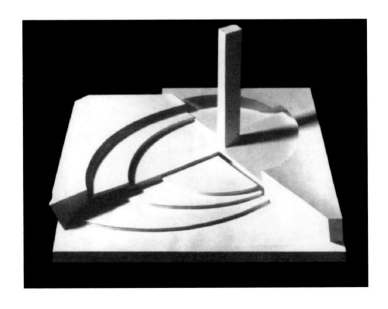

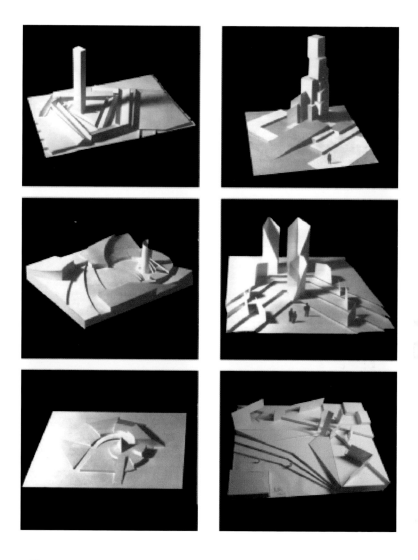

第二节　场所空间的主题

一、古希腊广场

　　城市广场是有边界的、限定了内外区别的、明确的三维形体，其基面和边界都被赋予建筑学空间的定义，城市广场作为城市公共空间的组成部分，在所有时候对所有人开放，因此广场空间的人性体现特别重要。

　　早在古希腊时期就出现了有意识的公共空间设计，作为公共生活的载体。围绕广场布置柱廊、长厅、议会大厦、神庙、体育场，共同构成城市生活的中心，也成为当时民主、自由生活风格的表达。古希腊的广场通过建筑群围合的空间，力求体现人的尺度，追求同自然的和谐。

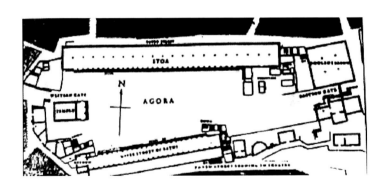

二、古罗马广场

　　罗马共和广场和帝国广场平面布局的特点：利用尺度、比例关系使整体的各个部分相互协调，较少考虑人的尺度，善于用规整的空间突出广场的象征形象。具有严格的轴线关系。罗马时期的广场以对称、规则、严格、完整和突出局部著称，广场的空间格局由开敞变为封闭，有明确的轴线与对景。希腊时期广场的传统特征逐渐衰弱。

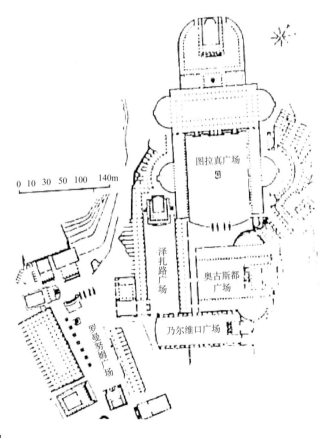

三、中世纪集市广场

中世纪欧洲社会支撑城市秩序的三种力量：贵族、教会和市民阶层。这一时期城市贸易愈加活跃，经济特征强烈。在思想文化上表现了对古希腊和古罗马的继承：明确的等级划分、简单与和谐共生。中世纪时教堂广场成为城市的中心，广场依旧多为封闭式构图，道路以教堂广场为中心发散。广场与市政厅、教堂相依为伴，共同构成城市生活的中心。

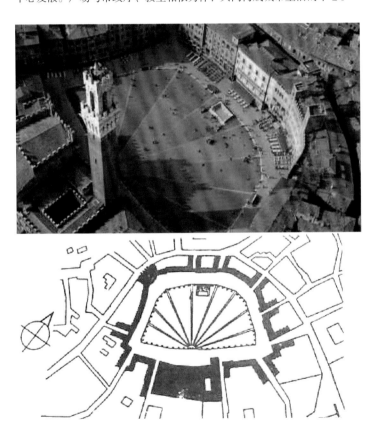

四、文艺复兴与巴洛克城市广场

　　文艺复兴时期的人文、科学、理性的思想逐步得到发展，多元化成为思想的主流。这一时期多个广场连续而构成广场组群，面积超越了实际的使用需求，转而体现自由平等的理念或理想。广场特殊的几何形态及空间的巧妙组合呈现出出人意料的视觉变化。

　　巴洛克时期的空间最大限度地与城市道路体系连成整体，强调可以自由流动的连续空间。广场中央设立方尖碑、雕塑或喷泉，成为广场布局的核心。

五、古典主义城市广场

　　古典主义时期强调帝国风格，由地标、广场、轴线景观大道所控制的放射形结构逐步成为城市空间造型的主要手段，它在很大程度上继承了文艺复兴与巴洛克的空间理念和特征，同时强调古典主义风格，明确主从关系，追求和谐统一与有条不紊。古典主义城市广场将规律和秩序作为绝对的表达手段，更加强烈地刻上君主专制思想的烙印。

第三节　场所空间的制作与设计

　　1748 年，詹巴蒂斯塔·诺利绘制了一份特殊的罗马地图，不同于以往的地图，这份描绘罗马城市空间状况的地图虽然基于传统的图底关系，但是它将人们习以为常的以建筑为观察主体的模式进行了反转，以私密空间及建筑作为底，把公共空间作为图，用黑白两色区分的平面表现手法将城市生活中的公共空间展现了出来。这些手法看起来只是图面表达方式的一个小调整，但是却开创了一种理解城市的全新的方式。

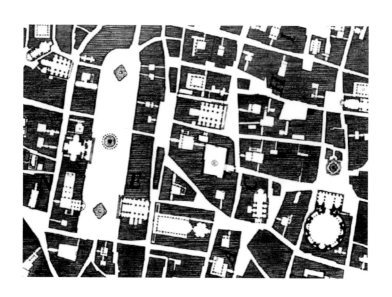

罗伯·克里尔在《城市空间》一书中，从类型学角度系统研究了城市空间的形态学价值，并将形态与城市的传统联系起来。他的空间类型分析图彻底忽略了建筑，将空间作为唯一的描绘对象，直接聚焦城市公共空间，探寻城市开放空间的类型学传统及其在今天的价值，是城市空间研究的极致。

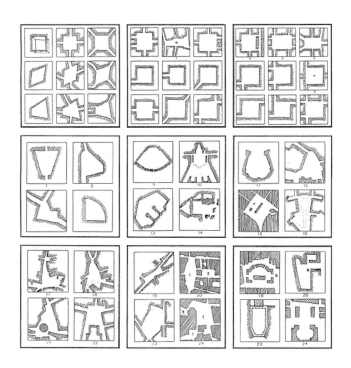

第八章
建筑实例空间分析

第一节 现代主义起源阶段的建筑形态分析

　　在现代建筑的开始之时，建筑空间涉及从古典到现代的变迁，在探寻现代创新手法的过程中，也在找寻空间的创新之处。通过这样的练习，能帮助学生体会到当时的建筑创作的空间关键所在，对空间原始表达有所帮助。

　　分析功能是空间构成解析的前提，熟悉空间有助于解决建筑本体造型过程中的问题。可以通过这样的方式体会大师之作空间创造的精妙。

一、萨伏伊别墅（The Villa Savoye）

　　萨伏伊别墅共3层，轮廓简洁，建筑的生成过程是在简单的几何模数基础上精确进行的，如同一个白色方盒被细柱支起，水平长窗平阔舒展，外墙光洁，无任何装饰，立面通过曲线与直线元素的围合以及镂空的处理手法使得建筑整体均匀和谐，稳重典雅。建筑内部空间复杂，平面布局自由，空间相互穿插，内外彼此贯通。通过每一部分建筑内部空间的水平、垂直限定，以及相互穿插，形成多层次、非对称的循环和流动的空间形态。总平面图中，线性与非线性构成元素相结合，光影丰富，极具几何美感。2016年7月，萨伏伊别墅被列入世界文化遗产名录。

研究方法	现象	法则	思考
空间方向的限定	以几何数学计算为出发点，配置规则的柱网	墙体不再承重，可以灵活划分空间，实现自由平面	通过每一个建筑内部空间的水平垂直限定以及相互穿插，形成多层次空间限定
二元空间的构成关系	连续的长条窗引入自然景色，使空间得以延续	模板的设计受制于严谨的支撑结构，通过加减法形成变化多端的空间	通过中央坡道及围绕它的各个自由空间，呈现非对称的循环和流动的空间形态
多元空间的构成关系	底层架空，外围结构与内部结构部分暴露	各个体系有序叠加，相互脱开而形成整体的效果，是现代建筑的基本设计法则	第五立面中，线性与非线性构成元素相结合，光影变化丰富，极具几何美感

二、魏森霍夫住宅（Weissenhof–SiedlungHouses）

魏森霍夫住宅在柯布西耶早期的住宅创作中处于重要地位，是最早采用新建筑五点（底层架空、屋顶花园、自由平面、自由立面、横向长窗）的建筑实践项目之一。

建筑形体接近方盒子般纯净而抽象的几何形体，蓝色立柱穿插其间，形成有秩序的组合。传统房间与自由平面为主的共用空间形成对比，大空间通过可移动元素实现，体现出水平层均质空间由内而外的伸展性。建筑的结构构件作为外立面的变化元素，同时也形成了从地面到中间层再到屋顶，垂直方向的、由内而外的空间贯通。魏森霍夫住宅为现代建筑带来了革命性的发展，也对 20 世纪世界的住宅建筑设计产生了革命性的影响。

研究方法	现象	法则	思考
空间方向的限定	大空间通过可移动元素实现，体现水平层均质空间由内而外的伸展	垂直空间限定主要以"新建筑五点"为基础的楼层划分为主	传统小房间与自由平面为主的通用空间形成对比
二元空间的构成关系	以壁炉作为"核"空间形成一个秩序组合体	"多米诺"与"雪铁龙"住宅体系下的移动隔墙与连续大空间体现其自由灵活性	多种空间相互包容，相互叠合穿插形成复杂的二元限定空间
多元空间的构成关系	利用建筑的构件和结构作为外立面的变化元素	接近方盒子般纯净而抽象的几何形体，体现其"新"住宅理想	形成了从地面到中间层再到屋顶，垂直的，由内而外的空间贯通

三、纳康芬公寓（Narkomfin Building）

　　纳康芬公寓位于莫斯科，由莫·金兹堡与伊格纳蒂·米利尼斯于1928 年设计，1932 年完工。

　　建筑整体由两个方盒形体垂直连接而成，秩序感强烈。空间由下到上，建筑主体中长条形空间占据主导地位，其内部空间虽受制于混凝土与梁柱结构，但通过上下空间包容叠合，形成了丰富的二元空间。自由的屋顶花园和架空的底层，在垂直方向上形成半室外、室内、室外空间的过渡。而大楼立面所采用水平带形长窗、简洁无装饰的白色墙体等形式构成语言，是现代建筑重要的创新，皆与柯布西耶的现代建筑主张相一致。

研究方法	现象	法则	思考
空间方向的限定	由走廊和尽端楼梯统领整个平面布局，严谨工整	房间面积较小、单元化形态配以公共走道兼活动长廊，适应集体化生活	建筑与场地通过有序的几何形体连接，秩序感强烈
二元空间的构成关系	小空间相互联系形成大空间组团	规则体量中通过加减法营造特色空间	空间受制于混凝土与梁柱结构，但通过上下空间包容叠合，形成丰富的二元空间
多元空间的构成关系	空间由下到上，建筑主体开始突出，长条形空间占据主导地位	所有的居住单元都由上下两层室内空间构成，节约空间	自由布局的屋顶花园和架空的底层，垂直方向形成室外、半室外、室内、空间的过渡

四、莫斯科真理报总部（The Leningrad Pravda building）

1924 年维斯宁兄弟完成的莫斯科真理报总部建筑设计是早期构成主义具有代表意义的作品。

莫斯科真理报总部是一幢小型办公建筑，建筑基地面积仅为 6m×6m，功能简单，建筑形体接近于抽象的方盒形体，设计中使用玻璃、钢和混凝土等现代材料，并在其基础上进行网格划分和局部凹凸处理。建筑形式本身综合了平面艺术和空间装置方面的处理手法，例如标志、广告、时钟、扬声器、旗杆，甚至里面的电梯都被作为设计的组成部分纳入设计中，并合并成一个统一的整体，形成了独特的苏联构成主义建筑美学。

研究方法	现象	法则	思考
空间方向的限定	模数化平面基础上做加减法处理	外挂楼梯及电梯也作为构成组成部分融入建筑整体	通过建筑内部空间的垂直限定形成多层次的空间关系
二元空间的构成关系	立面构成在楼层分割基础上以矩形为构成单元做韵律及填充处理	在框架内进一步进行尺度不一的矩形划分及变体处理	模板受制于严谨的支撑结构，并通过上下层空间的包容叠合形成秩序组合体
多元空间的构成关系	以钢铁支架及悬臂结构作为其水平和垂直线的框架基础	透明柔和的电梯间的通透设计，造型在一定程度上弱化了整体建筑构架的冰冷感	一些实用附加物如无线电桅杆、时钟、广告牌等，使造型构成有节奏地中断，整体呼应

莫斯科真理报总部分析图　作者：王皓

第二节　第二次世界大战后现代主义建筑的形态分析

第二次世界大战后，由于不同建筑师的积极探索，建筑空间的形式呈现出蓬勃之势。在这一时期，空间的组合穿插已经变得非常丰富。从这些建筑作品的观察中，能清晰地感受到空间的变化。将复杂的建筑简单化，并将简单的几何形体组合进行整合梳理，有助于建筑的整体造型。建筑拆解的过程是空间整合的逆过程。

一、约翰逊制蜡公司办公楼（The Leningrad Pravda building）

赖特于 1936 年设计的约翰逊制蜡公司办公楼和后来设计的实验楼，以其独特的结构形式和建筑形象而闻名。筒状办公楼坐落于庭院中央，立面被平滑、坚实的红砖包裹。墙身上方是连续的浅色砂岩脊线，整个外表皮被内嵌的水平延伸管状玻璃条带分割开来，轻盈光滑，圆筒状的玻璃圆角更增强了这种效果。人们的视线会自然地沿着墙壁延伸，墙壁的缺口则暗示了内部空间的存在。其设计着眼点不在于展示高层建筑的宏伟体量，而在细节营造中，包括空间尺度的处理都令人感觉亲近。建筑内部，圆形和圆角矩形楼板交替出现，显出丰富的韵律感。

研究方法	现象	法则	思考
空间方向的限定	核心筒直冲屋顶，挑出各层楼板，垂直空间限定以楼层划分为主。	圆形和圆角矩形楼板交替出现，显出丰富的韵律感。	十四层高的研究大楼与两层裙楼参差出现，建筑垂直方向错落丰富。
二元空间的构成关系	塔楼内部突出了与办公楼一样的圆形构图母题。	圆形楼板与方形外墙相切，在死角留下了异形的空隙，形成流动空间。	方形庭院与方形塔彼此呼应，以轴线贯穿全局。
多元空间的构成关系	对自然元素的抽象使用，转化为"树柱"这一建构形态。	将"树柱"韵律化处理，发展为类矩形和十字形的变体。	树柱支撑体系使建筑空间如同在空气和光影中升高和漂浮，带来独特的空间体验。

约翰逊制蜡公司办公楼分析图　作者：王皓

二、珊纳特赛罗市政厅（Saynatsalo Town Hall）

珊纳特赛罗市政厅位于芬兰于韦斯屈莱市，是一个多功能的综合建筑群，其中包含了市政厅、商店、图书馆和公寓。该市政厅由芬兰著名建筑师、现代派建筑倡导者之一、"人情化建筑"的提倡者阿尔瓦·阿尔托（Alvar Aalto）专门为珊纳特赛罗市设计建造。

珊纳特赛罗市政厅整体建筑风格融合了芬兰本地建筑的特点和意大利文艺复兴的材料和色彩的风格，由砖砌而成，总体呈现醒目的砖红色，中央是庭院。阿尔瓦·阿尔托的设计结合了市政厅周边的自然条件，利用地形，运用当地传统材料。形式和空间塑造上采用灵活布局的手法，使得珊纳特赛罗市政厅既美观又实用。

珊纳特赛罗市政厅是阿尔瓦·阿尔托晚期设计的最具代表性的建筑之一，在 20 世纪的建筑史上占据着重要地位。

研究方法	环境	场地	建筑
空间方向的限定（水平限定、垂直限定、多层次）	建筑形式呈中心对称，结束了场地中朝向节点的阶梯状房屋群形式	呈中心对称的"回"字形体量及向内倾斜的屋顶，强调了围合感	斜坡的方向性使朝南的立面成为主立面，让建筑具有了方向性

研究方法	水平方向	垂直方向	整体与细节
二元空间的构成关系（包容、分离、叠加）	将体量南面部分局部分离，从而打破原本中心对称的形式	东北角叠加空间作为会议室，成为入口路径上的一个视线终点	体块合理分割与组织，增加使用功能的同时又能丰富建筑立面

研究方法	现象	法则	思考
多元空间的构成关系（轴线、组团、场所）	会议室以及其他形体均有着正方形的直角和对角线特征	以轴线划分了空间的使用功能，主要轴线与次要轴线相互配合	边缘体量的动势为建筑带来更多活力

优秀作业　　　　　　　　　　珊纳特赛罗市政厅建筑分析图　作者：车佳星

三、西格拉姆大厦（Seagram Building）

　　位于美国纽约市中心的西格拉姆大厦建于 1954~1958 年，共 38 层，高 158m，总投资 450 万美元，设计者是著名建筑师密斯·凡·德·罗和菲利普·约翰逊。

　　大厦的设计风格体现了密斯·凡·德·罗一贯的主张：基于对框架结构的深刻解读，简化的结构体系，精简的结构构件，讲究的结构逻辑表现，使之产生没有屏障，可供自由划分的大空间，完美演绎"少即是多"的建筑原理。

研究方法	现象	法则	思考
单元到整体（加法、减法、整体）	在整个场地空间中用减法退让出临界的公共空间，又用加法形成独特空间 	建筑与场地通过有序的几何体划分，又通过几何体的虚实与环境相协调 	几何体有序地组织，体现了现代建筑"少即是多"的结构与空间美学
重复到独特（阵列、镜像、层叠）	功能和框架结构下理性变化的平面 	平面的层叠生成高楼 	大楼顶部和底部的变化使整体协调独特
对称到等级（划分、控制、秩序）	大体量的矩形有序组合，几何比例美观 	竖直的体量产生了多元空间的联系，让建筑本体有更好的组合感 	立面的连续性与整体性设计，使建筑与周围环境相协调

四、朗香教堂（La Chapelle de Ronchamp）

朗香教堂位于法国东部索恩地区的浮日山区的一座小山顶上，由建筑大师勒·柯布西耶设计建造。

在朗香教堂的设计中，勒·柯布西耶把重点放在建筑造型和建筑形体给人的感受上，把它当作一件混凝土雕塑作品加以塑造，并且希望将其建造成一个"视觉领域的听觉器件"。此外，柯布西耶在朗香教堂的创建过程中，对造型、材料、颜色以及光线等方面的设计运用都颇为讲究。他打破了传统造型的约束，却在细节中将传统教堂的重要元素保留。建筑中运用被毁老教堂的石块与灰白色泥浆的配合，使教堂呈现出纯粹质朴的气息。墙上镶嵌的传统哥特式建筑的彩色玻璃以及涂鸦图案，与倾泻而下的光线相互映衬，最大程度彰显教堂的神性。

朗香教堂的设计对现代建筑的发展产生了重要影响，被誉为 20 世纪最为震撼、最具有表现力的建筑之一。

研究方法	现象	法则	思考
二元空间的构成关系（拼接、穿插、变化）	轮廓由曲线、折线组成，立面造型丰富，表现力强。与传统教堂不同，展现现代之美	不规则的倾斜墙面，在整体造型中形成了向上的动势	整个建筑造型的弧线相交，形成了垂直方向上的变化，形成尖角，更有动态的效果
多元空间的构成关系（组合、细化、对比）	色块表示体块组合关系	祭台洞口、主持平台等细节的添加为整个造型营造了宗教氛围，强化了建筑的功能	曲面墙体上楔形窗洞使曲和直形成鲜明对比，造型更有冲击力，建筑也更有活力

五、萨尔克生物研究所（Salk Institute for Biological Studies）

萨尔克生物研究所坐落在圣地亚哥市一块能够俯瞰太平洋的用地上，是建筑师路易斯·康走向巅峰的代表作品。这栋建筑的主体部分具有明确的轴线构图。空间组合上重现建筑历史上已有的空间等级序列。在建筑形体、大小、开阖、明暗等方面展现了许多古典传统的特征，这种特征展现了建筑师对现代主义建筑内涵的理解与熟练的抽象形体表达手法。最为重要的是，路易斯·康在这里成功实现了古典的复兴并与现代建筑主流的融合。

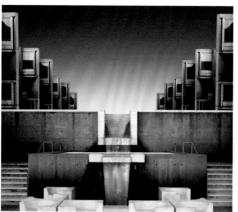

研究方法	现象	法则	思考
单元到整体（加法、减法、整体）	大海、峡谷以及"中心"的母题决定了中心轴线的产生	建筑中相似的功能沿轴线镜像布置	独立体块相互支撑的建筑形式满足功能的同时也极具美学价值
重复到独特（阵列、镜像、层叠）	两栋三层高的实验楼，八个下沉式的庭院，十个交通塔	基地上建筑物沿轴线展开	镜像、重复和独特的塔楼造型形成充满节奏感的空间
分离到连续（节奏、控制、秩序）	沿轴线形成强烈的韵律感的同时又富有变化，从而不显得呆板单调	单元垂直方向以"A-B-A-C"的韵律布置。顶层层高加大，增加垂直动势	对称、规整的体块造型辅以细节的调整营造出韵律感

六、柏林爱乐音乐厅（Berliner Philharmonie）

柏林爱乐音乐厅是 1956 年由德国本土建筑师汉斯·夏隆（Hans Scharoun）设计的，1987 年完工，是当今最著名的音乐厅之一，也是世界顶级交响乐团柏林爱乐乐团排练与演出的常驻地。这座标志性建筑的形状不对称，看上去就像一个金色的、用布遮盖着的帐篷。

爱乐音乐厅是柏林文化广场（20 世纪 60 年代早期设计的文化中心）的一部分，已成为这座城市最具标志性和最具特色的建筑之一。音乐厅位于重新规划整理的柏林市中心，在建设之初由于其怪异的外形而受到批评，最终音乐厅以其出色的音响效果逐渐被人们接受并得到高度的赞扬。大厅的设计服务于音乐的表现，内部空间形式决定了建筑的外部形态。设计师汉斯·夏隆采用由内而外的建造手法设计音乐厅，从设计初始到最终落成，坚持打造出连续不断、而多变的空间形态。

研究方法	现象	法则	思考
空间方向的限定（水平限定、垂直限定、多层次）	音乐厅具有出色的音响效果和独特的建筑造型	空间由舞台中心处发散，一层层呈向外的环绕状布局	以音乐为中心的空间设计，使这个音乐厅无论在使用还是造型上都很出色
二元空间的构成关系（对比、平衡、韵律）	造型有独特的韵律感，建筑外观使观者仿佛在感受五线谱上跳动的音符	曲直的对比，虚实的平衡	外观非常规，但具有美观性和实用性的建筑在造型设计时仍需遵循一定的美学规则
多元空间的构成关系（向心、组团、场所）	舞台是视线的中心，观众席能够舒适的聆听音乐是音乐厅设计的重心	由内而外的设计手法，飞扬的屋顶仿佛也是悦动的音乐	空间设计以空间使用为中心，形成功能和形式的完美契合

柏林爱乐音乐厅建筑分析图　作者：车佳星

七、日本东京国立代代木竞技场（Yoyogi National Gymnasium）

　　东京国立代代木竞技场是日本著名建筑师丹下健三的代表作品，它是为 1964 年东京奥运会而建的。建筑由第一体育馆和第二体育馆及附属部分组成。建筑采用了悬索结构，它是丹下健三结构表现主义时期的顶峰之作，充满原始的想象力与深厚的东方情调，达到了材料、功能、结构、比例乃至历史观的高度统一，被称为 20 世纪世界最美的建筑之一。日本现代建筑甚至以此为界，划分为前后两个历史时期。

研究方法	现象	法则	思考
单一方向的限定	两个场馆以曲线呈现在场地里，显示出活力和融合	独特的建筑平面与周边环境形成呼应	特殊的建筑平面与场地相互配合，充分融合，加强了建筑的标志性
多元空间的构成关系	平面由两个新月形组成，造型独特	观众席呈两个半圆形包围中间的游泳池空间	建筑造型以神宫和吊桥为蓝本，展现了一个包含传统精神的现代日本
	平面上线条的扭转延展到空间体现为室内扭曲感强烈的屋面	围合出圆形的观众席和运动场，拉起的尖角作为观众出入口	建筑空间设计要利用现代技术，代代木竞技场的柔性设计是一个伟大开端

八、乔治·蓬皮杜国家艺术文化中心（Le Centre national d'ar et de culture Georges–Pompidou）

　　乔治·蓬皮杜国家艺术文化中心是位于法国巴黎的一座大型现代艺术博物馆，整座建筑共分为工业创造中心、大众知识图书馆、现代艺术馆以及音乐音响谐调与研究中心四大部分。该博物馆由意大利著名建筑师伦佐·皮亚诺（Renzo Piano）和英国著名建筑师理查德·罗杰斯（Richard George Rogers）共同设计。

　　建筑整体是一个由玻璃、钢铁和彩色管道组成的巨大长方体，外露的结构体系充分展现结构的力与美。整个建筑仅靠外围的 28 根柱子支撑，形成内部灵活可变的大空间。建筑西立面漆上红色的醒目的对角线玻璃管道，是建筑的标志之一。建筑东立面放置了所有机械设备并且均以颜色区分开，色彩鲜艳丰富。蓬皮杜国家艺术中心的整体形态虽然简单，但结构外露的设计手法极大丰富了建筑立面给人的感受。

　　蓬皮杜国家艺术中心大胆、反叛、颠覆传统，是高技派最具代表性的作品之一。

研究方法	现象	法则	思考
单元到整体（加法、减法、整体）	不含任何支撑结构的大平面堆叠形成大体量长方体	根据功能需求，以减法的原则调整各层平面	结构外置，使体量保持完整，并且碎化了立面，一定程度削弱了大体量带来的压迫感
重复到独特（特殊、组合、穿插）	外露结构的均匀、规则与重复，展现并突出几何与科技的美感	红色玻璃管道作为一个突破结构原有秩序的特殊设计元素，丰富了建筑的动态	玻璃管道象征地显示了进出人流，不规则的管道打破也强调了结构带来的水平竖直秩序
层次与等级（划分、控制、秩序）	水平竖直方向和对角线方向都有对称的设计	将两种对称组合形成新的对称，丰富立面感受	在对称中增加细节并进行微调，使建筑变得活跃丰富而不失秩序感

优秀作业　　　　　　乔治·蓬皮杜国家艺术文化中心分析图　　作者：招可月

第三节　后现代主义与解构主义建筑的
　　　　形态分析

这一阶段不同的建筑师有着自己的风格和造型特点，高层建筑多变的平面组合形成了各自特有的建筑空间造型，建筑本身成为空间表达的实际载体。

　　建筑的生成过程不同于以往单纯的空间组合，而是对单体建筑表达形式的细致推敲。建筑师借助现代优秀的工业基础和制造能力，创造着曲线建筑的美学特征的同时，也创造了建筑空间多样而统一的变化。

一、电话电报大厦（AT&THeadquaters）

1975 年 9 月，美国电话电报公司向全国包括菲利普·约翰逊和约翰·伯吉在内的 25 个知名建筑公司发出邀请函。约翰逊和伯吉展现给电话电报公司董事长约翰·德巴茨（John Debutts）和其董事会的虽然只有两张照片——西格拉姆大厦和盘索尔大厦，但这并没有影响他们拿到项目。

德巴茨希望建筑具有独特的风格，在地位和影响力上要保持和西格拉姆大厦的一致性，同时在钢和玻璃的平板形式上要有所创新，并为此提供充足的经费支持。电报电话大厦反映了当时业主追求的建筑自身吸引力和约翰逊谋求的后现代历史拼贴的纪念性的结合，这种社会性和建筑师个性的统一间接促成了打破现代主义垄断的建筑设计实践。

建筑设计完成于 1978 年，高 660 英尺（201.17m），位于纽约麦迪逊大道之间的 55 号和 56 号街道，建筑主体为 37 层。

研究方法	现象	法则	思考
空间方向的限定	建筑平面为矩形，以中厅主导整个平面空间	建筑内部空间的水平垂直限定形成多层次的空间关系	拼贴了各个时期的元素，高大的立方体和三角形山墙组合排列，通过时代的语法坦露出对后现代主义形式的看法和解读
二元空间的构成关系	整体分为3段：底座、建筑主体、三角形山墙	对称的正立面典雅、均衡，充满古典美	拜占庭风格的柱子、拱的使用使人充满联想，勾起人们对历史文化的记忆
多元空间的构成关系	桃红色花岗石饰面开窗面积较小，建筑的开窗通过对称严谨的比例回应了当时纽约办公楼建筑的文脉关系	建筑入口为高大的圆形拱门，两侧为对称柱廊。拱形装饰、建筑高大的入口与街道形成对比，夸张的形式也让建筑在现代主义方盒子建筑中凸显出来	三角形山墙打破了城市天际线，顶部被圆柱形凹槽切割，这种形式与巴洛克时期的三角形山墙有异曲同工之处

二、德国斯图加特新国立美术馆（New National Gallery in Stuttgart，Germany）

斯图加特新国立美术馆是所在地名气最大的建筑物，坐落在市中心边缘的一个坡地上，是对建于1837年新古典式艺廊的增建，灵感来自19世纪著名的阿提斯博物馆及其周边的建筑造型，体现了古典与现代兼收并蓄的特点。

该美术馆由美术馆、剧场、音乐教学楼、图书馆及办公楼组成，不仅功能复杂，而且在建筑形式与装饰上也采用了多种手法加以组合，中央圆顶形成的雕塑中庭，既是建筑空间最活跃的焦点，也是穿越基地的公共通道。

斯图加特新国立美术馆尊重历史环境，将抽象的建筑布局原则与形象的传统历史片段相结合，把纪念性与非纪念性、严谨与活泼、传统与现代的一系列矛盾统一在一起，开辟了德国乃至世界博物馆建筑史上的一片新天地，并结合城市设计，丰富了城市的空间与景观。

研究方法	现象	法则	思考
空间方向的限定	"U"字形平面，新旧建筑的连接	人行步道穿过建筑，以坡道的方式处理地形的高差，形成曲折的路径，与圆形庭院完美结合	人行通道穿过建筑，使建筑成为城市景观，城市空间更具亲近感
二元空间的构成关系	平面以规则的几何形和不规则图形组合，形成丰富的空间氛围感	竖向空间的丰富层次，给游客带来了多样化的视线交流体验	运用古罗马风的内庭、柱廊、拱等古典构图元素的建筑语言表现新的建筑理念，结合坡道，使建筑空间具有趣味性
多元空间的构成关系	对纪念性的追求——运用古典构图元素的建筑语言表现新的建筑理念	美术馆的矩形展厅围绕一个圆形的露天雕塑庭院，这一中庭是新馆在空间组织上的枢纽	在门厅旁边设置了弧形的条形座椅，提醒游客新的美术馆已经成为一个大众娱乐的场所，除去艺术和展览还有其商业性的一面

优秀作业　　　　　　　　　德国斯图加特新国立美术馆建筑分析图　作者：汪祖盛

三、日本筑波市民活动中心（Tsukuba Civic Center Plaza）

筑波市民活动中心位于日本战后首批新兴城市之一的筑波市，这座市民活动中心意在同时唤起人们对"废墟"和"重建"的记忆。综合体涵盖了音乐厅、信息中心、酒店、餐厅和购物中心——这些就是让城市焕发生机所需的全部设施。项目的焦点是一个下沉广场，或称之为"论坛"。面向广场一侧的外墙采用了多种造型，外观饰面则采用质感反差巨大的材料，如光滑铝材与混凝土、粗糙与抛光的花岗石、抛光与未抛光的瓷砖等。

该建筑占地面积10642m²，总建筑面积32902m²。用地中心为椭圆形平面的下沉式广场，长轴与城市南北轴线重合，西北角有瀑布跌水，一直引入中心，两幢主体建筑成"L"形围合在广场东南侧。

该建筑设计"引用"了西方文化中过去和现在的多种样式加以变形或反转，和谐统一，并以隐喻、象征等手法赋予建筑多重含意。

研究方法	现象	法则	思考
空间方向的限定	古典的构图元素：矩形、方形、椭圆形	曲线，方形的旋转，打破古典的构图元素	文化广场分为地上广场和地下广场。椭圆形象征米开朗琪罗的坎比多山广场，喷泉、叠石等都是历史元素的拼贴与隐喻
二元空间的构成关系	以其明快的色调、流畅的线条、古典和现代的完美结合，被誉为"后现代主义建筑"的代表作	建筑体量在轴线上的连续与重复，强调了历史文化的延续性	整体上仍然大面积地使用了和相邻传统建筑相同的外墙，以谋求和周边建筑环境的协调
多元空间的构成关系	建筑体量均匀，建筑形式与城市肌理协调一致	通过对比手法—垂直和曲面墙面、凹凸空间对比，形成多元空间	对各个功能体量在形式上进行不同处理，并引入平台、坡道等，塑造了一处错落有致、生动的城市景观

四、华特·迪斯尼音乐厅（Walt Disney Concert Hall）

华特·迪斯尼音乐厅位于美国加利福尼亚州洛杉矶，是洛杉矶音乐中心的第四座建物，由普利兹克建筑奖得主法兰克·盖里设计，主厅可容纳2265席，还有266个座位的罗伊迪斯尼剧院以及百余座位的小剧场。迪斯尼音乐厅是洛杉矶交响乐团与合唱团的团本部，独特的外观使其成为洛杉矶市中心南方大道上的重要地标。

盖里的迪斯尼音乐厅彻底打破了建筑"体"的概念，多片优美的金属曲面塑造出如"花瓣"状的灵动造型。尺度巨大但却丝毫没有压抑感，反而让人感觉自然、亲切。迪斯尼音乐厅突破了演艺建筑的造型范式，创造了全新的造型可能性。

盖里作为一名带有"结构主义"倾向的建筑师（虽然他自称为"巴洛克主义者"），他的建筑创作已突破了以上这些理性建筑和审美取向的束缚，通过如雕塑般自由、无序甚至是冲突的形体，表达了艺术家般的精神与情感，让建筑更为动人。

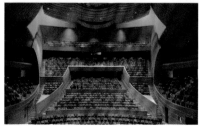

研究方法	现象	法则	思考
空间方向的限定	通过大小不同的矩形进行平面分割	旋转中心矩形平面，成为构图中心，突出空间的中心性	直线和曲线的组合，丰富了空间，具有趣味性，且相互形成对比，突出建筑的艺术性
	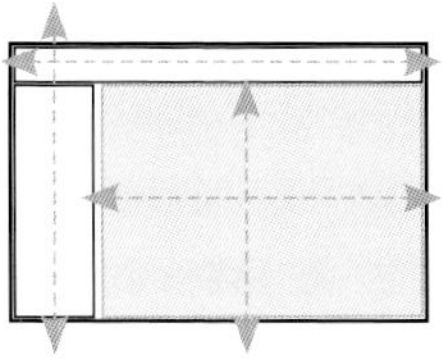	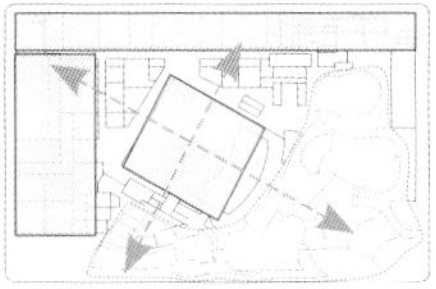	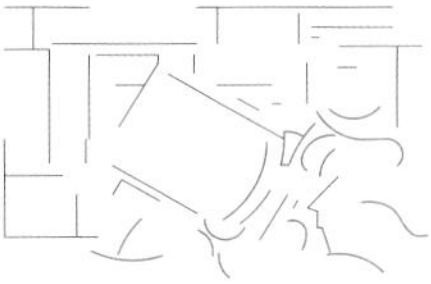
二元空间的构成关系	垂直方向的空间具有对称性	以大型、大体量空间为中心，四周分布小型空间，空间更具有层次感	曲面造型增加了建筑的独特性，解构了传统的造型模式，是建筑艺术和技术的结合，功能空间也得到了解放
	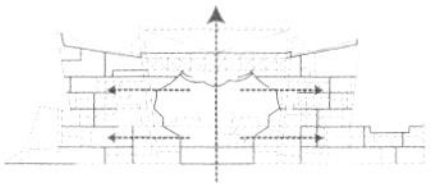	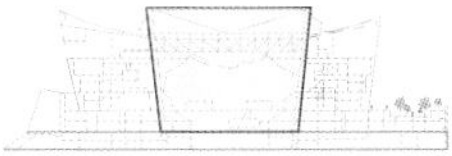	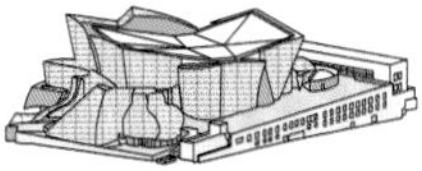
多元空间的构成关系	开放空间，平面形式流动自然；对内空间，平面形式为规则矩形平面	屋顶平台进行了绿化和入口层的抬升，并合理设计了流线，使空间更具有开放性、现代性	建筑造型具有雕塑感，表皮使用光滑钢板，流动的曲面，丰富了城市空间，形成多元融合
	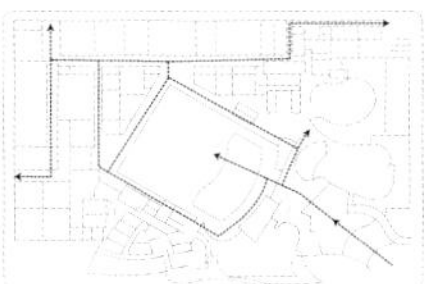	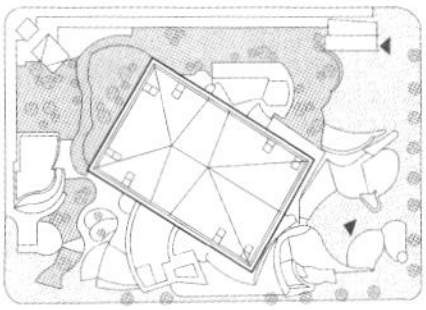	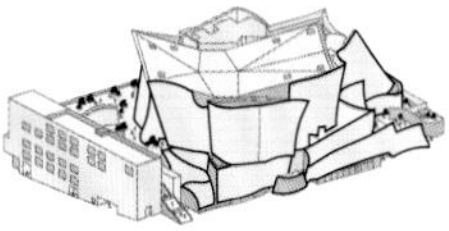

华特·迪斯尼音乐厅建筑分析图　作者：汪祖盛

五、卫克斯那艺术中心（Wexner Centerfor the Arts）

卫克斯那艺术中心是埃森曼"缩放时期"的典型代表作，始设计于1983 年，建成于 1989 年，历时 6 年，位于美国中部城市哥伦布，业主是俄亥俄州州立大学，他们拟为前卫派艺术提供一个活动中心，致力于探索和发展当代艺术的综合多学科的国际性研究。该中心包括一个影视剧场，一个表演空间，一个影视后期工作室，一个书店，一个咖啡馆和一个 1100m^2 的画廊。

埃森曼的建筑形式丰富、多变、复杂，总是呈现出出人意料的体量穿插关系，然而这些看似凌乱的建筑形式却是来源于其严谨、逻辑的图解生成过程。在《图解日志》一书中他总结了近 40 种操作手法，其核心手法可以概括为：互动网格、尺度的消解、风车构图、"L"形和立方体等。

互动网格（interactive grids）是埃森曼的主要设计手法之一。通常埃森曼通过对基地的纵向、横向挖掘获得其深层结构，将其抽象为网格体系，然后在此基础上重建新的网格体系，形成互动的网格。

研究方法	现象	法则	思考
空间方向的限定	城市道路网格，南北向与东西向垂直相交	斜向的校园网格成为建筑平面生成的元素	校园网格与城市网格叠加形成建筑平面
二元空间的构成关系	垂直方向的空间通过坡道产生连续性，消解了以水平向分割的传统形式	建筑形体的错动，与校园网格轴线相联系，具有导向性	通过互动网格方式，使得建筑与城市、校园产生联系，打破了传统，成为探索解构主义的一种形式生成的理性手法
多元空间的构成关系	功能房间以串联形式连接起来，既独立又相互联系	斜向轴线穿插建筑，产生极强的形式感	通过斜向网格的形式，产生虚空间，这种网格源于当地饲养老鹰的网架。运用到空间设计中，非常巧妙

优秀作业   卫克斯那艺术中心建筑分析图   作者：汪祖盛

六、柏林犹太人博物馆（Jüdsches Museum Berlin）

柏林犹太人博物馆是欧洲最大的犹太人历史博物馆，其目的是要记录与展示犹太人在德国前后共约两千年的历史，包括德国纳粹迫害和屠杀犹太人的历史。

柏林犹太人博物馆从空中鸟瞰是一系列四面体建筑连贯而成的曲折锯齿形状，有着不规则的锐角，幅宽并不突出。中间一组空白地带排成直线，将曲线一分为二，这就是建筑师里伯斯金所说的"线与线之间"。博物馆内外充满破碎和不规则的元素，关于大屠杀的悲惨历史通过空间手法进行记录表达的。

柏林犹太人博物馆的形状非常奇特，是一个类似于闪电的多边折角形，营造出的外部空间曲折离奇，内部空间各个体块互相咬合，从负一层到三层，每一个体块都富有活力，相互衬托，营造出的空间自然而然地具备博物馆所需的纪念意义。博物馆以建筑形体本身表达了对屠杀的哀悼与反思。

研究方法	现象	法则	思考
隐藏到裸露（虚实、交叠、沟通）	B1旧馆入口—三岔路口—建筑景观，包括三个主题轴线	体块交叉体现空间曲折，又利用光线营造氛围	旧馆入口利用体块下沉隐藏沟通新旧两馆的楼梯间，做到"实际有，看似无"效果
单元到整体（加法、减法、整体）	F1 体块断裂——楼梯退让	一层体块并不完整连接，体块经过了"剪切"	为"大阶梯"及其表现起到了很好的造势效果
内部到外部（穿插、内外、变化）	F2 展览空间—阶梯轴线—延续空间	大阶梯的延续营造狭长空间；曲折体块勾勒出建筑形态	直线是一个并不贯通的空间，折线才是建筑的实体。直线与折线穿插形成变化空间关系

研究方法	现象	法则	思考
建筑到环境（重复、形态、融合）	F3 阶梯尽头—弯折空间—重复空间	三层与二层空间是统一的并且也重复一致	橄榄树穿插于建筑其中，将其与住宅楼隔断。对比突出了建筑的独特空间形态
出口到入口（交通、流线、象征）	轴线上的大阶梯是沟通交通的主要方式，也是顺序浏览的必经之路	入口即出口，是一个封闭的环，这也蕴含了一定的象征意义	利用了折线不好利用的转折空间用来摆放楼梯间，用作其他沟通空间
平面到立面（贯通、分离、对应）	入口处是从一层到地下一层，有一个由高到低的感受过程	保持独立的纪念性建筑与整体高度保持一致	新旧建筑在立面高度上也保持了统一

优秀作业　　　　　　　柏林犹太人博物馆建筑分析图　　作者：焦子涵

七、宇宙科学馆（Tepia）

宇宙科学馆由槙文彦设计，1989 年建成。该建筑地下 2 层，地上 4 层，钢框架钢筋混凝土结构。结合周边场地，建筑设计师将外形设计成一座 40m×40m×20m 的长方体建筑，其中用多种体块穿插形成空间。

研究方法	现象	法则	思考
水平的限定（划分、组合、排布）	平面上为多个大小不同的矩形排列组合	将矩形地块沿水平和垂直方向划分为不同模数的矩形	根据空间的功能确定其形态和大小以及排布顺序
垂直的限定（加法、减法、整体）	立面及剖面上为一个完整的矩形，被体块打破	水平方向上有不同形式的开窗，垂直方向上有楼梯和光筒	将矩形立面进行划分
多层次限定（形状、划分、嵌套）	建筑一层平面可见中心的大厅及周围小空间	把建筑整体来看作一个矩形，边缘处如入口、楼梯处被异型空间切割	用不同大小的矩形进行嵌套和划分

优秀作业 宇宙科学馆分析图　作者：韩牧昀

第四节　信息时代建筑的形态分析

自 2000 年以来，建筑界出现了各种新的思潮、流派与许多方面的探索，种类多且层出不穷，各建筑大师、建筑师事务所不再固守个人风格，而是朝着多元化、多风格方向发展。建筑师借助现代优秀的工业设计基础和强大的制造能力，将以往单纯对功能空间进行组合升级为对建筑形体的细致推敲与新的创造。

一、罗马21世纪国家艺术博物馆（MAXXI）

罗马21世纪国家艺术博物馆占地面积30000m²，位于罗马北侧的弗拉米尼奥区，这是古迹丰富的罗马城中少有的现代建筑。罗马21世纪国家艺术博物馆由建筑界女魔头扎哈·哈迪德设计，耗资六千万欧元，历时10年，设计灵感来自巴洛克和罗马的历史，获得了2010年的德国斯特林奖和英国皇家建筑师学会金奖。

"MAXXI"中前两个字母"MA"代表美术馆（Museun of Art），而"XXI"是罗马数字表示21世纪。MAXXI博物馆是一座专门为当代艺术创作设立的国家美术馆。扎哈表示，该博物馆"并不是一个容器，而是一个艺术品营地"，在这里走廊和天桥相互叠加和连接，创造出一个具有生机的动感空间。

罗马21世纪国家艺术博物馆是意大利首个国立建筑艺术博物馆，这个博物馆同时注重20世纪的建筑史学和当代建筑艺术，通过展示不同时期的案例，为当下的建筑疑问寻求答案。

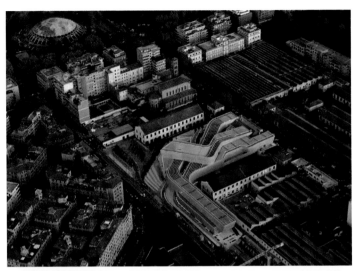

研究方法	现象	法则	思考
空间方向的限定	建筑与景观的布置顺应了"L"形的场地关系	在原有基地和周边建筑的影响下形成新建筑的斜向轴线	新建筑的设计完美地融入周边的建筑肌理
二元空间的构成关系	建筑师打造了一个城市文化中心，使其成为多个建筑的集合地	平面空间的布置暗含了建筑名称的隐喻	各层功能空间的堆叠形成了整体的体量糅合关系
多元空间的构成关系	针对不同的功能空间设计了不同的开窗方式	底层的架空设计形成的灰空间让主入口变得更有意义和趣味性	层层叠加形成交错蜿蜒的建筑形态使得历史的记忆被重新组构

二、金泽 21 世纪美术馆（The 21st Century Museum of Contemporary Art）

金泽 21 世纪美术馆是妹岛和世与西泽立卫的作品，位于石川县金泽市市中心，是一家现代美术馆。美术馆于 2004 年 10 月 9 日开馆，主要展出绘画、书法、摄影等艺术作品。馆内有 6 间收藏品室，8 间特别展览室。

这是一座没有正背立面之分，没有主次入口之分的圆形玻璃幕墙建筑，中间围合均匀分布的体块。建筑风格轻盈飘逸，具有流动性与穿透性。建筑中体现着妹岛和世建筑思想中的公共性、透明性、匀质性和不确定性。

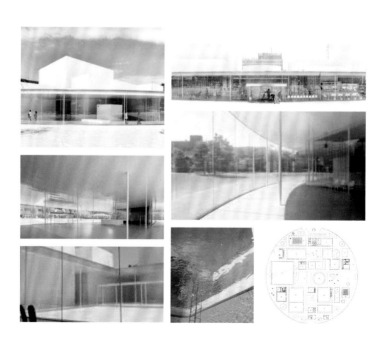

研究方法	现象	法则	思考
单元到整体	各个功能体块均匀分布，相互分离留出交通空间 	通过交通空间将各个空间组织起来 	每个功能体块高低不同，多层次限定垂直高度
二元空间的构成关系	将单位划分成五组相似的几何立方体，其高度分别为4.5m、4.5m、6m、9m、12m 	相似的形体重复、组合，形成多个有趣丰富的小空间 	用大圆形将整个单元体包裹在一起，形成流动空间
多元空间构成关系	空间通透，动态平衡，并且注重向外发展 	多方向、多体量、多轴线、放射式组合的建筑物 	组团在一个大圆形体量内，形成正背面主次入口的"公园式建筑"

优秀作业　　　　　　　　金泽 21 世纪美术馆建筑分析图　作者：杜千禧

三、多摩美术大学图书馆（Tama Art University Library）

　　多摩美术大学图书馆是由日本著名建筑大师伊东丰雄（ToyoIto）设计的。该图书馆属日本东京多摩美术大学八王子校区，位于东京郊区外一座公园后面地势略微倾斜的斜坡之上。

　　图书馆选用拱门的建筑风格，内外皆"拱"。"拱"做承重结构，互相交织，在营造开放式空间的同时产生流动感。底部纤细的柱，使之成为"一个流动的场，一个悬浮轻盈的空间"。浮动网格与连续拱形结构，将整个建筑空间划分成多个方形和三角形区域。拱形门洞的材料为钢结构和混凝土，沉稳深邃的色彩与拱形玻璃形成鲜明对比，营造出通透明亮的视觉效果。

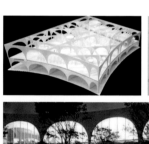

研究 方法	现象	法则	思考
单元到整体	外轮廓呈四边形、东、南两面直角相交、北、西两面则为流线型	加法原理添加拱形元素，减法原理适当减去，形成丰富流畅的空间	互相交织的拱，在营造开放式空间的同时不乏趣味性
重复到独特	整体建筑以拱为基本元素，选取相同的拱形进行排列	对拱形的尺寸进行变化调整，拱形的跨度从 1.8m 到 16m 不等	多个拱相互连接形成曲面，并交叉形成拱的阵列
对称到等级	建筑一层平面中，拱形元素交织形成交通空间	一层与二层的连接通道也大多采用弧形，上下空间序列一致	由于开架书库位于二层，二层会将拱形列沿连续的方向修改

四、日本中央美术学院美术馆（CACF Art Museum）

日本中央美术学院美术馆由日本建筑师矶崎新设计，于 2008 年 3 月竣工，位于日本中央美术学院校园内。

美术馆外观大致是一个整体的曲面体块，加上外立面采用了深灰色的外挂岩板，使得美术馆外观整体感、雕塑感较强，又展现出厚重、沉静的人文色彩。

顶部的不规则开窗在保证采光的同时，给建筑内部营造了神圣、高雅的氛围，也形成了明暗对比强烈的空间。

研究方法	现象	法则	思考
空间方向的限定	按层划分功能区，机房、库房等辅助空间均安排在地下二层	在水平方向划分不同功能分区，再相互连接	馆内以墙体划分不同的功能区块
二元空间的构成关系	设有下沉广场，地下层部分空间为双层层高	利用通高部分满足使用需求，同时增加室内视觉体验的丰富度	室内高度、宽度的尺度对于室内空间体验有很大影响
多元空间的构成关系	曲墙面以及不规则开窗营造了十分独特的空间、光影体验	体块的串联、削减，表面材质的对比	曲线构成营造了独特的空间

优秀作业　　　　　　　　　　　　日本中央美术学院美术馆分析图　作者：黄婧蕾

五、劳力士学习中心（Rolex Learning Center）

劳力士学习中心位于瑞士联邦理工大学的洛桑分校，2010 年启用，并于 2004 年在建筑比赛中获奖。该建筑占地面积 20200m^2，建筑总面积 37000m^2，由 SANNA 事务所设计。

学习中心体现了 SANNA 事务所纤细而有力、确定而柔韧、巧妙但不过分的建筑风格。大量使用的玻璃以及轻盈的结构体系，生动流畅的线条构成，通透有趣的内部空间，营造出简单而又饱满的感觉及体验上的丰富性，让建筑本身在满足实用性的同时成为一件值得品味的艺术品。

建筑设计中避免了无用的、多余的建筑外观修饰，建筑外观变化与实用功能达到统一，在变化中富有逻辑的规律。

研究方法	现象	法则	思考
单元到整体	主要功能体块分布	通过交通空间连接各个功能体块	在空间被分隔后，保留了空间的贯通感，使空间更加流动
重复到独特	平面构成将椭圆形孔洞镶嵌入矩形中	矩形的约束和曲线的加持，不做无用的建筑外观设计	起伏的建筑形态和内部的椭圆形天井可形成数个建筑内部的入口，使建筑外形和空间更加流通
对称到等级	椭圆形天井和建筑中起伏的限制在建筑内形成了不规则的大空间	由外面内、统筹兼顾的设计手法呈现出自然的交通流线	起伏的交通空间和功能空间共同构成了建筑中流动的一体空间，达到使用功能和建筑外观的协调统一

六、拜特·乌尔·鲁夫清真寺（Bait ur Rouf Mosque）

拜特·乌尔·鲁夫清真寺位于孟加拉国首都达卡，达卡市被称为"清真寺之城"，市内有800多座清真寺。拜特·乌尔·鲁夫清真寺由孟加拉国建筑师玛丽娜·塔巴苏姆设计，于2012年建成，并获得了2016年阿卡汗建筑奖。

拜特·乌尔·鲁夫清真寺平面扭转13°，以朝向圣地麦加，同时形成了趣味性的角部空间。圆柱形的体量插入了一个正方形，促使祈祷大厅通风的回流，并在四周形成了光场。八个立柱围绕着大厅的外围，形成一个上部空间。辅助功能区域位于外部的圆柱和立柱之间的空间中。建筑的底座上全天都有孩子在玩耍，还有等待礼拜的老年男子在聊天。

拜特·乌尔·鲁夫清真寺被誉为一座充满神性、能够洗涤心灵的光之容器，有着与建筑光影大师路易斯·康的建筑相通的精神气质。这栋建筑运用优秀的通风和采光设计，让街区拥有了一个纯粹精神的避难所。

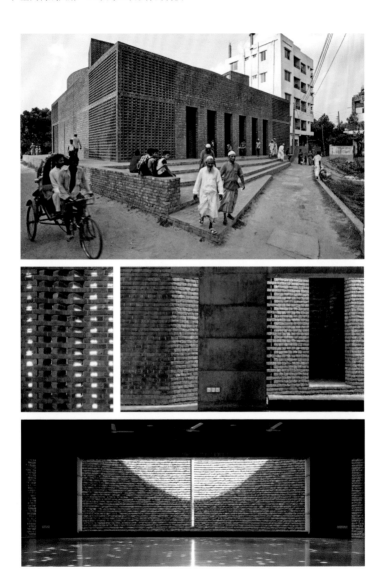

研究方法	现象	法则	思考
空间方向的限定	方形主体空间内是礼拜厅，平面扭转 13°	整个设计结构上，建筑将圆柱形嵌套在方形结构中	在方形平面内，脱离西南角外墙设置着一个圆柱形主体空间
二元空间的构成关系	外观略显封闭的方盒子非常有节制地控制了光的进入和视线的透出	八个立柱围绕在大厅的外围，建筑的四角形成了四个明亮的月牙形院落	祈祷大厅向朝拜方向旋转，在 4 个角形成 4 个光庭
多元空间的构成关系	建筑的主要功能空间和辅助功能区域主次分明	4 个拱形的窄院，有效地解决了建筑空间的通风以及采光	洗礼室（也称净身处）利用东边面壁墙上的偏心柱提高纵深

优秀作业　　　　　　　　　拜特·乌尔·鲁夫清真寺建筑分析图　作者：王卓飞

七、智利 UC 创新中心（UC Innovation Center）

　　2011 年，安赫利尼设计事务所决定捐出一定数额的资金建造一座多功能的中心建筑。考虑到当地的沙漠性气候，将建筑的实体部分放在四周，采用不透光的立面并通过体块造型隐藏玻璃。清晰、直观、简洁的体块通过连续性的变化和组合形成了建筑外观。从建筑风格角度来看，建筑师采用相对严谨的几何形态和整体感强烈的材质，追求永恒的美而非暂时的潮流。

研究方法	现象	法则	思考
单元到整体	建筑外观简洁有序，多个矩形体块穿插组合	在建筑中划分出一些体块，将这些体块沿水平方向消减	在垂直方向减去矩形体块，形成纵向开放空间
重复到独特	建筑一层平面，由不同尺度的方形穿插组合	正方形平面中，从各边减去矩形体块	建筑顶层空间，包含减去和突出的矩形空间和中庭
对称到等级	建筑底部划分为较多小空间，凹进部分为开窗	建筑中部，由体块穿插形成了不同的公共空间	建筑顶部中庭上方为透光的玻璃顶，形成屋顶平台

八、比尔里卡纪念高中（Billerica Memorial High School）

比尔里卡纪念高中位于美国马萨诸塞州比尔里卡镇，由帕金斯威尔建筑设计事务所设计，于 2020 年建成。近年来，悄然转型的比尔里卡纪念高中在商业、机器人、戏剧和体育教育方面有着出色的表现——建筑师因此希望设计一个与学校获得的诸多成就相匹配、灵活且具有前瞻性的教育空间。这个校园试图将自己生活于其中的这座城镇的气质，转译为一种有形的表达。

校园周围的新古典主义风格建筑与 19 世纪后期的工业文脉，为设计带来了启发——方案用一种谦逊而尊重环境的材料语言，将不同的元素连接起来。简单而真实的材料组成了这座充满创造性的建筑。这种设计语言代表着"创客"课堂的使命，而这一理念正是学校教学指导意见的一部分。

研究 方法	现象	法则	思考
空间方向的限定	学校的不同功能区域分别布置，相互分离又有联系	细长的砖砌立面极具韵律，墙体中不同尺度和功能的开窗，丰富了立面	教学楼各侧翼的展开以学科为中心，同时也鼓励跨学科交流
二元空间的构成关系	教学楼侧翼支持开展以学科为中心的教学模式	在开放灵活的空间内的实验室和教室中，各学科之间可以方便地展开合作	整个室内空间利用自然光呈现了时间的节奏，建筑内光影也会随时间变化
多元空间的构成关系	建筑的主要功能空间形成各自的角度布置，均有良好的采光	富有创意的综合日照方案解决了公共区域对声学、安全性和灵活性的需求	集成化排气系统，在消除烟雾的同时还能降低中庭空间中产生的环境噪声

优秀作业　　　　　　　　　　　比尔里卡纪念高中建筑分析图　作者：王卓飞

九、伦敦金斯顿大学学习中心（Kingston University Town House）

伦敦金斯顿大学学习中心的总体建筑形态简洁有力，标致而饱含韵律。其外形的主要建筑语言有立方体的组合、内外的分层、竖向线条以及横向挑出，分别在建筑的轮廓印象、层次、动势与韵律上表现，构成了建筑多样而又相互联系的形态语言。

建筑内部布局则着重强调公共空间的连续与私密程度的区分。设计手法包括但不限于使用中庭凝聚空间，使用架空手法进行空间的围绕布置，使用通高空间划分公共区域，将私密空间组团等。

建筑内外空间的互动手法也十分丰富。使用竖条大开窗对应通高空间，使用小开窗对应私密空间，使用露台将小块公共空间延伸到室外，使用空间花园引导与丰富静区空间等。

这些多样化而具有建筑美的设计手法、设计语言，得到了建筑师的广泛认可。

研究方法	现象	法则	思考
单元到整体	轮廓由直线折线构成,立面造型整洁稳重,具有节奏感	不同的体块高度按照离入口越近越高的大致规则排列,有向上的趋势	使用加法的手法,需要拥有它所遵循的秩序,并且符合需求,才能构成好的形态
二元空间的构成关系	外框套住内部的空间体块,具有层次感。水平露台增加了韵律感。	规整的立面上错落分布的露台产生韵律感,柱网将露台包含在形体内	不同的排列方式,既有相容之处,又有相斥之处。使不同的建筑语言平衡并且相互联系
多元空间的构成关系	外框与内部体块的层次分明,横竖交错但不紊乱	窗条形成竖向线条,水平的露台打破单一的竖向特性,外柱网使露台包含在形体内	不同空间层次的多种建筑语言各司其职,互相交错组合,很好地为职能和美感服务

参考文献

[1] 何彤.空间构成 [M].重庆：西南师范大学出版社，2008.

[2] 任仲泉.空间构成设计 [M].南京：江苏美术出版社，2002.

[3] 孙祥明，史意勤.空间构成 [M].上海：学林出版社，2005.

[4] 罗杰·易.世界建筑空间设计 [M].程素荣，译.北京：中国建筑工业出版社，2003.

[5] 王小红.大师作品分析——解读建筑 [M].北京：中国建筑工业出版社，2008.

[6] 彭一刚.建筑空间组合论 [M].北京：中国建筑工业出版社，1998.

[7] 王中军.建筑构成 [M].北京：中国电力出版社，2004.

[8] 王贵祥.东西方的建筑空间 [M].天津：百花文艺出版社，2006.

[9] 杨婷婷.公共空间设计 [M].北京：北京理工大学出版社，2009.

[10] 刘芳，苗阳.建筑空间设计 [M].上海：同济大学出版社，2001.

[11] 濮苏卫，蔡东艳.建筑空间构成设计 [M].西安：西安交通大学出版社，2007.

[12] 陈祖展.立体构成 [M].北京：北京交通大学出版社，2011.

[13] 艾少群，吴振东.立体构成（空间形态构成）[M].北京：清华大学出版社，2011.

[14] 辛华泉.形态构成学 [M].杭州：中国美术学院出版社，1999.

[15] 吴化雨.构成设计基础 [M].北京：中国轻工业出版社，2012.

[16] 弗兰克·惠特福德，等.包豪斯 [M].艺术与设计杂志社，编译.成都：四川美术出版社，2009.

[17] 奥斯卡·施莱默，等.包豪斯舞台 [M].周诗岩，译.北京：金城出版社，2014.

[18] 威廉·斯莫克.包豪斯理想 [M].周明瑞，译.济南：山东画报出版社，2010.

[19] 高德霍恩，梅瑟.俄罗斯新建筑 [M].周艳娟，译.沈阳：辽宁科学技术出版社，2006.

[20] 郑昌辉.图解思考与设计表现——俄罗斯列宾美院建筑创作课程精编 [M].北京：水利水电出版社，2012.

[21] 刘开海.俄罗斯列宾美术学院建筑系基础课程参考 [M].南昌：江西美术出版社，2010.

[22] 沈欣荣，刘献敏，汝军红，等.建筑设计基础——空间构成 [M].北京：中国建筑工业出版社，2006.

[23] 芦原义信，彼德·柯克.外部空间之构成建筑之功能与计划 [M].王锦堂，熊振民，译.台北：台隆书店，1971.

[24] 张艳.空间构成 [M].西安：西安交通大学出版社，2011.

[25] 杨蕾.高校形态构成学教学理念构建 [J].美与时代：创意（上），2011（9）：118-119.

[26] 刘继莲，李鹏.浅析主题训练在形态构成课程中的重要作用 [J].美术大观，2011（10）：177.

[27] 毛宏萍.形态构成 [M].南昌：江西美术出版社，2002.

[28] 刘涛，杨广明，常征.平面形态构成 [M].北京：北京工业大学出版社，2012.

[29] 陈方达.建筑学形态构成教学研究 [J].高等建筑教育，2012，21（1）：1-4.

[30] 隋杰礼，贾志林，王少伶.建筑学专业形态构成课程教学改革与实践 [J].四川建筑科学研究，2008，34（3）：205-206.

[31] 蔡思奇.建筑平面设计的形态构成分析 [J].城市建筑，2013（6）：17.

[32] 孙虎鸣.探寻新形势下的"形态构成学"发展思路 [J].价值工程，2013（32）：256–257.

[33] 周蒙蒙.构成主义与十月革命 [J].中国科技博览，2011（19）：276.

[34] 王永.构成主义艺术的象征——塔特林与《第三国际纪念碑》[J].美术大观，2011（1）：108–109.

[35] 高爱香，郑立君.20世纪前期俄国构成主义设计运动在中国的传播与影响 [J].艺术百家，2013（5）：201–204.

[36] 庞蕾.塔特林与构成主义 [J].南京艺术学院学报（美术与设计版），2008（1）：36–39.

[37] 解娟.俄罗斯构成主义的起源 [J].科学导报，2013（15）：28–31.

[38] 郭丽敏，田鸿喜.俄国构成主义及其对现代主义设计运动的影响 [J].美术大观，2013（12）：147.